丽水珍稀濒危植物

王军峰　杜有新　谢文远　主编

中国农业科学技术出版社

图书在版编目（CIP）数据

丽水珍稀濒危植物 / 王军峰，杜有新，谢文远主编 . -- 北京：
中国农业科学技术出版社，2022.9
ISBN 978-7-5116-5893-7

Ⅰ.①丽… Ⅱ.①王… ②杜… ③谢… Ⅲ.①珍稀植物－濒危
植物－介绍－丽水 Ⅳ.① Q948.525.53

中国版本图书馆 CIP 数据核字（2022）第 157333 号

责任编辑　张志花
责任校对　马广洋
责任印制　姜义伟　王思文

出 版 者　中国农业科学技术出版社
　　　　　北京市中关村南大街 12 号　　邮编：100081
电　　话　（010）82106636（编辑室）　（010）82109702（发行部）
　　　　　（010）82109709（读者服务部）
传　　真　（010）82106631
网　　址　http：// www.castp.cn
经 销 者　各地新华书店
印 刷 者　北京科信印刷有限公司
开　　本　185 mm×260 mm　1/16
印　　张　16
字　　数　270 千字
版　　次　2022 年 9 月第 1 版　2022 年 9 月第 1 次印刷
定　　价　160.00 元

《丽水珍稀濒危植物》
编 委 会

主　　编：

　　王军峰　　杜有新　　谢文远

副 主 编：

　　吴东浩　　钟建平　　李泽建　　吴伟建　　刘　西　　毛仙龙　　刘　伟

编　　委（排名不分先后）：

　　王军峰　　杜有新　　谢文远　　吴东浩　　钟建平　　李泽建　　吴伟建

　　毛仙龙　　刘　西　　徐　必　　蒋燕锋　　戴海英　　徐洪峰　　吴丹丹

　　蒋　明　　高亚红　　华国军　　鲍洪华　　唐战胜　　吴鼎顺　　葛永金

　　梅旭东　　潘成椿　　张培林　　何海荣　　刘　伟　　周小强　　何晓菲

摄　　影：

　　王军峰　　吴东浩　　钟建平　　蒋　明　　高亚红　　华国军　　鲍洪华

　　谢文远　　唐战胜　　潘成椿　　刘　西　　甄双龙　　曾玉亮　　陈炳华

编写单位：

　　华东药用植物园科研管理中心

　　浙江省森林资源监测中心

编写说明

本书收录丽水市野生珍稀濒危植物 270 种，收录依据如下。

① 2021 年，经国务院批准公布的《国家重点保护野生植物名录》（以下简称"国家重点"保护野生植物）。

② 2012 年，浙江省人民政府批准公布的《浙江省重点保护野生植物名录（第一批）》（以下简称"省重点"保护野生植物）。

③ 2013 年，环境保护部和中国科学院联合发布的《中国生物多样性红色名录：高等植物卷》（以下简称"中国红色名录"）中评估易危（VU）及以上等级的植物。

④《世界自然保护联盟濒危物种红色名录》（以下简称"IUCN 红色名录"）中评估易危（VU）及以上等级的植物。

⑤ 2019 年版的《濒危野生动植物种国际贸易公约》（附录Ⅰ、附录Ⅱ和附录Ⅲ）（以下简称"CITES 附录"）。

前 言
PREFACE

　　在工业革命的背景下，人类活动极大地影响了全球生态系统，改变了植物赖以生存的自然环境，加速了植物灭绝的速度。目前全世界有 50% 的植物物种已受到不同程度的灭绝威胁，如不及时采取有效的保护措施，到 21 世纪末，将有 2/3 的维管植物消失。在《生物多样性公约》第 10 次缔约国大会上，与会科学家们指出，现在地球上平均 1 小时就有 1 个物种灭绝，每天有将近 30 个生物物种从地球上永远消失。1 个物种的消失，常导致另外 10~30 种生物的生存危机，将又是一个"蝴蝶效应"。

　　国务院环境保护委员会于 1984 年公布了我国第一批珍稀濒危保护植物名录，后经调整和补充，于 1987 年出版了《中国珍稀濒危保护植物名录》（第一册），共收录了 389 种植物，按受威胁程度和保护等级可分为濒危植物 121 种、稀有植物 110 种和渐危植物 158 种；按保护级别分为 I 级保护植物 8 种、II 级保护植物 160 种和 III 级保护植物 221 种。1999 年，国务院批准发布《国家重点保护野生植物名录（第一批）》，选列了 8 类 246 种国家重点保护野生植物，其中 I 级保护的有 3 类 48 种，II 级保护的有 5 类 198 种。2013 年，环境保护部和中国科学院又联合发布了《中国生物多样性红色名录：高等植物卷》评估报告，该报告采用 IUCN 红色名录等级和标准（2001 年 3.1 版）对 34 450 种高等植物进行了评估，结果显示有 3 767 种受到不同程度的威胁，占 10.93%。2021 年 8 月，国务院批准发布调整后的《国家重点保护野生植物名录》，共列入国家重点保护野生植物 40 类 455 种，其中国家 I 级保护野生植物有 4 类 54 种，国家 II 级保护野生植物有 36 类 401 种。《国家重点保护野生植物名录》的修订、出台有利于提高公众认知，拯救濒危野生植物，维护生物多样性和生态平衡，是我国积极践行生态文明、建设美丽中国的重要举措。

　　丽水市位于浙江省西南部，属于亚热带季风气候区，气候特点是四季分明，光照充足，温暖湿润。地带性植被类型为常绿阔叶林，季相更替及垂直分布相当明显。市内植物种类丰富多样，共有野生维管植物 3 143 种，是浙江省国家重点保护野生植物最丰富的地区。丽水虽然拥有丰富的珍稀濒危植物，但不少物种的种群规模却日渐缩小，有的已处于极度濒危甚至在灭绝边缘。据统计，个体数少于 10 株的物种有 11 种，分别为百山祖冷杉、广西越橘、华顶杜鹃、密花梭罗、庆元冬青、落叶兰、陀螺果、黄兰、水禾、红大戟。个体数量少于 100 株（丛）的有东方水韭、红豆杉、黄杉、政和杏、连香树、江西杜鹃和杜鹃兰等 59 种。百山祖冷杉现仅在庆元百山祖海拔 1 700 m 的亮叶水青冈林中尚存 3 株野生植株，已处于极度濒危状态；红豆杉仅分布在龙泉凤阳山海拔 1 000~1 500 m 处的柳杉林、黄山松林和福建柏木荷林中；连香树则仅在遂昌九龙山海拔 650~1 400 m 的沟谷及阴湿山坡的阔叶林中尚可见。

　　本书编写组根据 10 余年的野外调查数据，在承担的省极小种群拯救保护和丽水市植物种质资源调查及其利用等项目的科研成果基础上，查阅植物标本及相关文献资料，整理出版《丽水珍稀濒危植物》一书。本书共收录维管植物 270 种（其中，210 种附彩图与文字说明），隶属于 76 科 174 属，其中列入国家重点保护野生植物的有 78 种，浙江省重点保护野生植物的有 67 种（其中 14 种已晋级为国家 II 级），被"中国红色名录"评估为易危（VU）及以上等级的有 119 种；被"IUCN 红色名录"评估为易危（VU）及以上等级的有 30 种；列入"CITES 附录"的有 108 种。本书的出版不但摸清了资源本底，还为今后开展就地保护和监测，加强野生种质资源保护和管护，全面系统推动濒危野生植物的就地保护、迁地保护和野外回归工作，提供了翔实的资料基础，为有效扩大野外种群规模，保障珍稀濒危野生植物种群及其生境安全，贡献绵薄之力。希望本书的出版能激发公众对野生植物及生态环境的保护意识，支持和积极参与野生植物的保护工作，自觉抵制破坏珍稀濒危野生植物资源的违法行为，形成全社会共同保护的良好局面。

　　本书以服务地方为主，方便读者查阅，书中出现的植物中文名、拉丁名原则上采用了《浙江植物志（新编）》的名称，个别信息也采用《中国植物志》Flora of China 等或专著。

　　本书可作为大中专院校植物学专业的广大师生、从事农林业工作的专业技术人员以及从事中小学生物学科普教育工作者的参考材料。由于编者水平有限，书中难免有不足之处，敬请读者提出宝贵建议，编者将及时采纳并做出修订说明。

编　者

2022 年 8 月 1 日

目　录
CONTENTS

第一章
总　论

第一节　丽水自然地理概况

一、地理区位

丽水地处浙西南，位于浙闽两省交界处，地理坐标为北纬 27° 25′ 至 28° 57′，东经 118° 41′ 至 120° 26′。其东南与温州市接壤，西南与福建省南平市、宁德市毗邻，西北与衢州市相接，北部与金华市交界，东北与台州市相连，是浙江省面积最大的地级市，约占浙江省总面积的 1/6，土地总面积 1.73 万 km²，下辖莲都区、龙泉市、青田县、缙云县、遂昌县、松阳县、云和县、庆元县、景宁县 9 个县（市、区），其中景宁县是全国唯一的畲族自治县。

二、气候环境

丽水在气候区划中隶属中亚热带季风气候，具有"四季分明、冬暖春早、降水丰沛、雨热同步、垂直气候、类型多样"的总体特征。中亚热带海洋性季风气候与典型的丘陵山地立体气候的叠加造就丽水优越的气候环境，使之成为全国有名的气候养生之乡。

丽水年平均气温 18.2~19.6℃，各地呈现南高北低分布；无霜期 246~274 天，年雨日 154~186 天，年降雨量 1 309.9~1 970.5 mm，年日照时数 1 102.3~1 759.6 小时。全市常年主导风向为东北偏东风，年平均风速在 0.8~2.2 m/s。丽水为气象灾害频发区，灾害种类多，易发生洪涝、山体滑坡、森林火灾等次生或衍生灾害。

三、地形地貌

丽水市地处武夷山系的仙霞岭山脉和洞宫山脉之中，境内地貌以中山、丘陵为主，间有少量平原、盆地，地势由西南向东北倾斜。全市 90% 的辖区面积以上是山地，素有"九山半水半分田"之称。

丽水被誉为"浙江绿谷"。境内海拔 1 000 m 以上的山峰有 3 573 座，1 500 m 以上的山峰有 244 座。龙泉市凤阳山黄茅尖海拔 1 929 m，庆元县百山祖海拔 1 856.7 m，分别为浙江省第一、第二高峰。

四、水系状况

丽水市区域内有瓯江、钱塘江、飞云江、椒江、闽江、赛江，被称为"六江之源"。溪流与山脉走向平行。仙霞岭山脉是瓯江水系与钱塘江水系的分水岭，洞宫山山脉是瓯江水系与闽江、飞云江和赛江的分水岭，括苍山山脉是瓯江水系与椒江水系的分水岭。两岸地形陡峻，江、溪源短流急，河床割切较深，水位受雨水影响暴涨暴落，属山溪性河流。

瓯江发源于庆元县、龙泉市交界的洞宫山锅帽尖西北麓，自西向东蜿蜒过境，干流长 388 km，境内长 316 km，流域面积 12 985.47 km^2，占全市总面积 78%，是全市第一大江。位于瓯江上游的紧水滩电站水库，也称"仙宫湖"；位于瓯江中游的开潭电站水库——南明湖，面积 5.6 km^2。2008 年又在瓯江支流小溪中游河段建有浙江省第二大水库——滩坑水库，拥有库区水面超 70 km^2，水库总库容 41.5 亿 m^3，后水库更名为千峡湖，是全市第一、浙江省第二大湖泊。

五、土壤

据全国第二次土壤普查资料，全市共有 8 个土类 14 个亚类 45 个土属，主要有红壤、黄壤、粗骨土、紫色土、基性岩土、山地草甸土、潮土、水稻土等。红壤主要分布海拔 700 m 以下的低山丘陵地区，植被以次生常绿阔叶林或常绿针阔叶混交林为主，有红壤、黄红壤、红壤性土 3 个亚类 12 个土属，占全区土壤面积的 36.97%，其中以黄红壤面积最大；自然肥力以红壤、黄红壤亚类较好，土层深厚，肥力中等，而红壤性土多含半风化母质，肥力差。黄壤分布于海拔 700 m 以上的中、低山地带，垂直分布都在红壤带以上，本质上和红壤并无多大差别，形成于潮湿的生物气候条件下，植被为常绿阔叶林、常绿落叶阔叶混交林，有 1 个亚类 2 个土属，占 24.44%；土层厚，自然肥力优于红壤。粗骨土、紫色土、山地草甸土是一种非地带性土壤，呈斑块状分布，其中粗骨土有 1 个亚类 2 个土属，占 24.90%；紫色土有 2 个亚类 3 个土属，占 0.93%；山地草甸土有 1 个亚类 1 个土属，占 0.02%。基性岩土有 1 个亚类 1 个土属，占 0.16%。潮土常位于溪流两岸，星散分布各地，有 1 个亚类 4 个土属，占 0.67%。水稻土在人为活动和自然成土因素的双重作用下分布零星且广泛，遍布全市，有 3 个亚类 18 个土属，占 11.91%。

六、森林植被

根据《中国植被》区划，丽水森林植被属于亚热带常绿阔叶林东部亚区——中亚热带常绿阔叶林北部亚地带——浙闽山地丘陵米槠、甜槠、木荷林植被区，地带性植被为常绿阔叶林。植被类型和植物区系复杂，大致可分为针叶林、阔叶林、灌丛、灌草丛、沼泽及水生植被、园林植被等 6 个植被型组。

由于开发历史悠久、人类活动频繁，目前除交通不便的高远或陡峭区域尚残留有部分原始或接近原生状态的天然常绿阔叶林外，大多数地区的原生森林植被都已被针叶林和针阔叶混交林、常绿落叶阔叶混交林及其他更为次生的灌丛、灌草丛等不稳定的、过渡性的植被类型所代替。现状植被具有明显的中亚热带性质，其组成种类繁多，类型复杂，次生性强，地域分异明显。

七、植物资源

全市共有野生及常见栽培维管植物 217 科 1 196 属 3 623 种（包含种下等级，下同；栽培植物 480 种），占浙江省总量的 74.0%，其中蕨类植物 46 科 101 属 358 种，裸子植物 8 科 33 属 77 种，被子植物 163 科 1 062 属 3 188 种（其中双子叶植物 136 科 810 属 2 498 种，单子叶植物 27 科 252 属 690 种）。

丽水具有较丰富的珍稀濒危植物种类，但不少种群规模日渐缩小，有的已处于极度濒危甚至灭绝边缘。列入 1991 年傅立国主编的《中国植物红皮书——稀有濒危植物》（第一册）

的珍稀濒危植物 42 种，隶属 25 科 37 属（梅笑漫和刘鹏，2004）；列入《国家重点保护野生植物名录（第一批）》（于永福，1999）的野生植物共有 24 种，隶属 15 科 20 属，其中国家一级重点保护野生植物 5 种，国家二级重点保护野生植物 19 种（王昌腾，2010）。据调查，仅有少部分种类具有较大的资源量，个体数量在 1 万株以上的植物有福建柏、白豆杉、榧树、厚朴、花榈木、榉树 6 种，个体数量少于 100 株（丛）的有百山祖冷杉、红豆杉、长喙毛茛泽泻、华东黄杉、连香树 5 种。百山祖冷杉现仅在庆元百山祖海拔 1 700 m 的亮叶水青冈林中尚存 3 株野生植株，已处于极度濒危状态；红豆杉在浙江境内主要分布在龙泉凤阳山海拔 1 000~1 500 m 处的柳杉林、黄山松林和福建柏木荷林中，数量已不足 60 株；连香树则浙江省仅临安和遂昌九龙山尚可见，生于海拔 650~1 400 m 沟谷及阴湿山坡的阔叶林中；长喙毛茛泽泻资源几近枯竭，东方水韭也仅在松阳有少量分布（朱圣潮等，2003）。另外，景宁木兰则产于景宁草鱼塘、松阳牛头山、青田、莲都，主要生长于海拔 900~1 300 m 的黄山松林、杉木林、落叶阔叶林或灌丛中，现存 300 余株（杜有新等，2018）。

丽水珍稀濒危植物中含有较多的古老种属和孑遗植物，例如，裸子植物中的金钱松、百山祖冷杉、长叶榧；被子植物中的领春木、连香树、钟萼木、鹅掌楸、长柄双花木等均为我国第三纪古老孑遗植物（张若蕙，1994）；鹅掌楸、华东黄杉、福建柏、长叶榧、浙江七子花亦为我国特有珍贵树种（徐燕云等，2003）。另外，在 5 属中国特有分布属中，多数为单种属，例如，金钱松属、白豆杉属、钟萼木属、香果树属等，它们在系统发育上几乎都是孑遗古老的类型，这一方面反映丽水珍稀濒危植物所含特有种类众多，另一方面也说明丽水植物区系起源古老的特性。

第二节　丽水珍稀濒危植物资源

一、野生濒危植物资源总况

（一）保护类别

丽水市共有珍稀濒危野生植物 270 种，隶属于 76 科，174 属（具体详见附表）。其中，列入国家重点保护野生植物有 78 种，浙江省重点保护野生植物有 67 种。同时，被"中国红色名录"评估为易危（VU）及以上等级的有 119 种，其中，极危（CR）15 种，濒危（EN）31 种，易危（VU）73 种。被"IUCN 红色名录"评估为易危（VU）及以上等级的有 30 种，其中，极危（CR）5 种，濒危（EN）11 种，易危（VU）14 种。列入"CITES 附录"的有 108 种（表 1-1）。

表 1-1　丽水珍稀濒危植物保护类别

保护类别		物种数量
国家重点	Ⅰ 级	5
	Ⅱ 级	73
省重点		53
IUCN 红色名录		30
中国红色名录		119
CITES 附录		108

（二）组成成分分析

通过丽水市所有珍稀濒危植物不同类群的统计分析，在 270 个物种中，蕨类和裸子植物数量相近，共占 11.1%；被子植物占 88.9%，其中单子叶和双子叶植物占比相近，因为兰科植物所有种（丽水有 96 种）都被列入 CITES 附录，说明本地区兰科植物资源比较丰富（表 1-2）。

表 1-2　丽水珍稀濒危植物组成

类群		科数	比例 /%	属数	比例 /%	种数	比例 /%
蕨类植物		8	10.5	11	6.3	16	5.9
裸子植物		4	5.3	10	5.8	14	5.2
被子植物	双子叶植物	50	65.8	87	50.0	124	45.9
	单子叶植物	14	18.4	66	37.9	116	43.0
合计		76	100	174	100	270	100

二、濒危植物资源状况及其地理分布类型

（一）资源现状

稳定存活界限是指保证种群在一个特定的时间内能稳定健康地生存所需的最小有效数量，这是一个种群数量的阈值，低于这个阈值，种群会逐渐趋向灭绝。一般认为，对于木本植物来说，野外种群稳定存活下限应为 5 000 株，且分布点在 3 个以上。

在丽水市 270 个珍稀濒危植物中，1 个分布点且株数 10 株以下的有 7 种，其中有百山祖冷杉、华顶杜鹃和广西越橘等；100 株以下的有 26 种。分布 2 个点且株数 10 株以下的有 3 种，分别是红大戟、落叶兰、庆元冬青；100 株以下的有 17 种，1 万株以上的只有 1 个种即毛茛叶报春。分布 3 个点且株数 10 株以内的只有密花梭罗，100 株以下的有 11 种。分布 4 个点且株数 10 株以上的只有 1 种即九龙山榧。分布 8 个点且株数 100 株和 1 000 株以下的分别为虾脊兰和伯乐树（表 1–3）。

表 1–3　丽水野生珍稀濒危植物资源分布概况

野外数量 / 株	分布点									总数
	1 个点	2 个点	3 个点	4 个点	5 个点	6 个点	7 个点	8 个点	9 个点	
0~9	7	3	1	0	0	0				11
10~99	26	17	11	1	3	0		1		59
100~999	16	21	16	6	10	5	2	1		77
1 000~9 999	2	4	9	7	12	6	11	7	12	70
≥ 10 000		1		3	8	5	6	6	24	53
合计	51	46	37	17	33	16	19	15	36	270

（二）分布类型分析

在丽水市 270 种珍稀濒危野生植物中，扣除蕨类植物 16 种，其余 254 种植物共有 13 种分布类型，缺乏地中海区、西亚至中亚分布和中亚分布等 2 种类型（吴征镒，1991）。分布类型较多的类群有泛热带分布 45 种，占比 17.7%，北温带分布类型 44 种，占比 17.4%，热带亚洲（印度 – 马来西亚）分布 40 种，占比 15.8%，东亚分布 34 种，占比 13.3%；其次为东亚北美间断分布 17 种，占比 6.7%。较少的热带亚洲和热带美洲间断分布及温带亚洲分布类型，均为 2 种。中国特有分布 10 种，占总数的 3.9%。在 254 种丽水市珍稀濒危植物中，热带分布达 139 种，占总数的 54.8%，可见丽水珍稀濒危植物区系具有明显的热带成分特征（表 1–4）。

表 1–4　丽水野生珍稀濒危种子植物种的分布区类型

分布区类型	种数	比例 /%
1. 热带分布	16	6.3
2. 泛热带分布	41	16.1
热带亚洲 – 大洋洲至新西兰和中、南美洲间断分布	4	1.6
3. 热带亚洲和热带美洲间断分布	2	0.8
4. 旧世界热带分布	4	1.6
热带亚洲 – 非洲（或东非、马达加斯加）和大洋洲间断分布	4	1.6
5. 热带亚洲至热带大洋洲分布	24	9.4
6. 热带亚洲至热带非洲分布及其变型 245	3	1.2
热带亚洲和东非或马达加斯加间断分布	1	0.4
7. 热带亚洲（印度 – 马来西亚）分布	31	12.2
爪哇（或苏门达腊）、喜马拉雅间断或星散分不到华南、西南	4	1.6
热带印度至华南（尤其云南南部）分布	1	0.4
缅甸、泰国至华西南分布	2	0.8
越南（或中南半岛）至华南（或西南）分布	2	0.8
8. 北温带分布	38	15.0
北温带和南温带间断分布 "全温带"	6	2.4
9. 东亚和北美洲间断分布及	17	6.7
10. 旧世界温带分布	7	2.7
地中海区、西亚（或中亚）LY，和东亚间断分布	1	0.4
11. 温带亚洲分布	2	0.8
12. 中亚分布	0	0
13. 地中海、西亚至中亚分布	0	0
14. 东亚分布	17	6.7
中国 – 喜马拉雅分布（SH）	7	2.7
中国 – 日本分布（SJ）	10	3.9
15. 中国特有分布	10	3.9
合计	254	100

三、致濒因素分析

大多数濒危物种是由于受到诸多因素的综合影响，尤其是受到物种进化史、生物学特性、特定的遗传结构以及特定生境等自然因素的限制（洪德元等，1994），导致其种群和物种水平均呈现逐渐衰退的现象。结合人类活动的综合影响，造成植物濒危的主要原因大致可分为4种类型，分别是生存衰弱（SC）、生境被破坏（SJ）、过度利用（LY）和保护措施（BF）不力。基于上述四大主要影响因素，通过对丽水市270个珍稀植物致濒原因的综合分析，大致可分为三大类型（表1–5）。一是生存力弱类型。生存力弱是影响此类植物种群萎缩的主要因素，同时也受到特定生境改变和保护效果不佳的综合影响。受生存力弱及生境被破坏后导致野外居群规模逐渐萎缩的有36种，受生存力弱、生境改变及保护效果不佳综合影响的有63种。二是生境改变类型。生境破坏是此类植物受威胁的主要影响因素，同时也受到特定生境改变和保护效果不佳的综合影响。仅仅由于生境改变导致的居群萎缩的有50种；受生境改变及保护效果不佳的有28种；受生境改变及过度利用的有19种；受生境改变、保护效果不佳及人类对野生资源过度利用等综合影响的有33种。三是受4种因素的综合影响类型。生存力弱、生境改变、保护效果不佳及人类对野生资源的过度利用4种因素综合影响的有26种。总体来说，虽然主要受生境改变影响的种类（130种）多于受生存力弱导致种群逐渐萎缩的种类（100种），但任何一个物种的衰退都是自身生物生态学特征及其生存环境综合影响的结果，兼受到不同程度的人类活动干扰。

表 1–5 主要致濒因素分析及类群

致濒原因		典型种类	数量（种）
主要因素	影响方式		
生存力弱	SC+SJ	东方水韭、粗齿梭椤、百山祖冷杉、红豆杉、白豆杉、政和杏、浙江七子花、天台鹅耳枥、广西越橘、细果秤锤树、江西杜鹃、多脉铁木、盂兰、苞舌兰、叉唇角盘兰、多叶斑叶兰、波密斑叶兰等	36
	SC+LY	安息香猕猴桃、竹节参、细茎石斛、梵净山石斛、铁皮石斛、金线兰、浙江金线兰、白及、广东石豆兰、台湾独蒜兰等	15
	SC+SJ+BF	落叶兰、长喙毛茛泽泻、黄兰、水禾、黄杉、九龙山榧、穗花杉、景宁木兰、天女木兰、长序榆、华顶杜鹃、葱叶兰、小毛兰（蛤兰）、杜鹃兰、宽距兰、虾脊兰等	63
生境改变	SJ	无鳞毛枝蕨、庆元冬青、通城虎、南京椴、华西枫杨、连香树、条叶龙胆、临安槭、天目槭、大金刚藤、肿节假盖果草、条叶龙胆、白花过路黄、大序隔距兰等	50
	SJ+BF	中华水韭、水蕨、水车前、密花梭罗、稀花槭、羽叶三七、五柱绞股蓝、南岭黄檀等	28
	SJ+LY	松叶蕨、莼菜、金荞麦、八角莲、红豆树、花榈木、竹柏、金叶含笑、方竹、细辛、短萼黄连、黄精叶钩吻等	19
	SJ+BF+LY	红大戟、四川石杉、睡莲、江南油杉、罗汉松、伯乐树、乐东拟单性木兰、六角莲、竹叶兰等	33
多因素影响	SC+SJ+BF+LY	南方红豆杉、长叶榧树、天麻、阔叶沼兰、浙江雪胆、兔耳兰、金兰、带叶兰、春兰、蕙兰、建兰、寒兰等	26

　　生存力是决定生物种群生存发展的重要因素之一。很多濒危物种由于其生物生态学特性及生存环境的变化，自身的生存能力已逐渐减弱，在激烈的种间竞争中逐渐处于劣势，物种生殖力的衰退、生存力的下降，导致其走向濒临灭绝（彭少麟等，2002）。在自然选择过程中，生存能力强的植物能产生较多的后代，维持种群的健康发展，生存能力弱的则逐渐被淘汰。古老孑遗濒危野生植物均存在着生长发育方面的脆弱环节，如繁育系统的缺陷、基因漂变或其生态生物学的特化。当环境急剧变化或特殊生境被破坏，这些物种尚不能适应新的环境而处于濒危状态，甚至出现灭绝危险（王崇云，1998）。还有些珍稀濒危野生植物由于结实率、种子发芽率及幼苗成活率均很低，而且营养繁殖能力也很弱，野生种群已严重低于最小成活种群规模，如东方水韭、粗齿梭椤、百山祖冷杉等植物。

　　生境的破坏和适宜生境的丧失制约着野生珍稀植物的生存及其种群的健康发展，影响到居群间基因交流，导致种群衰退和遗传物质的严重流失。由于经济社会的快速发展以及不合理的土地利用方式，野生植物生境被破坏或生境呈现片段化，而野生植物无法或难以及时适应变化的新环境，最终导致其分布范围不断萎缩，种群逐渐衰退，直至濒危灭绝，严重影响种群生存及其可持续健康发展。如东方水韭等野生植物，其赖以生存的沼泽环境被农田所取代，同时仅存于农田的野生植株也常常当杂草被清除，导致居群不断萎缩。长喙毛茛泽泻生存于常年积水的沼泽湿地，由于环境变化或人为活动改变了其适宜生境，进而导致其野生居群不断萎缩，直至消退。

为了满足经济利益的需要，人们对一些野生植物资源的大量利用，导致野生种群规模逐渐萎缩。随着经济的快速发展，人们的消费观念也在不断变化，以野生植物资源为原材料的生态产品倍受青睐。许多濒危野生植物具有重要的经济价值，有的是重要的药用植物，有的是优质的木材和工业原材料，有的还是优良的观赏植物等。由于市场需求的持续旺盛，人类从野生植物中不断地开发出植物新药、保健食品、生活化学品等众多生态产品，人类的过度开发利用严重影响着野生植物资源的生存发展。

四、保护方式及对策

对野生植物的保护主要有就地保护、迁地保护、野外回归 3 种方式。

（一）保护方式

1. 就地保护

就地保护是对保护对象及其生境进行科学保护和经营管理，不仅保护了物种个体、种群和群落，而且还保护了目标物种的正常生长发育及其与环境间的生态学过程。就地保护就是在自然保护的基础上，有针对性地采取人工促进和适度干预措施，营造并改善符合目标植物特性的适生生境（任海等，2014）。具体保护措施，一是划定生态保护红线，在珍稀濒危野生植物天然分布地，以及其生物扩散廊道、生物链、传粉途径所在区域等划出生态红线，确保其自然生态环境、繁育条件和生态功能得到原真性和完整性的保护；二是建立保护小区，在不同区域建立自然保护小区，设置防护栏、标桩、标牌等保护设施；三是明确土地管理权限，尽可能取得原生地的管护权，这是有效保护野生珍稀濒危植物及其生境的重要条件（孙卫邦和韩春艳，2015；杨文忠等，2015）。

科学改善珍稀濒危植物的生存环境，首先是恢复生态系统关键种和优势种，改善其赖以生存的生态条件，通过恢复这些起关键作用的树种，促进生态系统其他物种的逐渐恢复。其次是修复受损的景观空间结构，打通相似生态系统间的连接通道，降低地理空间阻隔和面积小导致的不利影响。最后是通过人工抚育措施，适度调整自然群落的优势树种结构，群落层片构成及群落环境，营造目标树种更适宜的生存发展环境。

2. 迁地保护

迁地保护是指把处于受威胁生境中的濒危植物，通过科学采集野生植物的繁殖材料进行繁殖培育（杨文忠等，2015），把所获得的活植物材料在植物园、树木园、种质圃等人工管护条件下进行栽培保护的过程（黄宏文和张征，2012）。迁地保护属于异地保存，与保持自然原生境的就地和近地回归不同，通过人工管护地的科学保护，尽量扩大种群规模，从而有效保存更多遗传多样性，实现物种长期生存及可持续发展（周桔等，2021）。在进行迁地保护工作中，为避免同一家系或经过反复近亲繁殖引起的近交衰退，或由于长期人为管护被人工驯化，防止保护植物遗传物质的流失，需

对珍稀濒危植物迁地保护方案进行科学评估，分种建立保育技术档案，对受保护植物的生存状况进行跟踪评价。

3. 野外回归

包括原生地回归和相似生境的近地回归保护，通过实施野外回归和种群恢复与重建，最终实现野生植物在其自然生境中得到长期有效保护。野外回归地以原生地为主，或者与原生地生境状况相似的区域。根据野外回归物种的生态生物学特性，可对非原生生境进行适度改造，开展近地回归种植（孙卫邦和韩春艳，2015）。野外回归就是重植于原生生境，以恢复和扩大野生种群规模为主，同时防止人工种群的遗传衰退，有效保存丰富的种质资源（汪越等，2017）。近地保护主要是针对一些对生境或环境条件要求极其苛刻的极小种群的一种保护措施，在迁地保护或人工扩繁的基础上，将人工培育的植株，在野生濒危植物现有分布区（点）附近，选择与原生地相近的自然或半自然的适宜生境，重新建立该物种种群（马永鹏和孙卫邦，2015）。近地保护的最终目的就是通过近地回归种植，人工的科学管护和监测，最终逐步实现种群的自我繁衍、自我维持的可持续稳定发展。

（二）保护对策

1. 强化监督管护

通过设置永久性固定样地，开展长期监测管护，及时掌握珍稀濒危野生植物分布、数量、群落演替、生态系统的动态变化，分析种群变化原因，为科学保护提供科学依据。加大原生境巡护、监管力度，严禁一切盗采、开荒、放牧、火烧、耕作等改变原生境生态的行为。建立重要濒危物种资源的管护档案，对每个物种、每个植株统一编号、挂牌和定位，记录其生长发育状况、结实状况、种子散布方式及种群结构等内容（杨文忠等，2015）。

2. 开展科学研究

加强珍稀濒危野生植物生物生态学方面的研究（陈冬东和李镇清，2020），主要开展种群生活史、遗传多样性、衰退机制、种群动态和种间关系以及种质资源保存、生境保护、生态学、再引入技术的系统性研究，为科学保护野生植物，改善生态环境，扩大种群提供技术支撑（孙卫邦和韩春艳，2015）。

3. 加强人工繁育

通过加大人工繁育工作，培育公益性苗木基地，为扩大种群规模的野外回归工作提供充足的种苗，也为推广栽培提供优质的苗木，以减缓人类对野生资源利用的压力。在培育种苗时，尽可能地选择不同区域的地理种源，保证种苗具有丰富的遗传多样性，尽量防止保护物种遗传物质的大量流失。

4. 扩大科普宣传

通过发布地方性保护野生植物名录，制定出台植物资源保护的管理办法及相关政策，加强对珍稀濒危植物资源的保护和拯救工作。开展形式多样、内容丰富、通俗易懂的科普宣教活动，使人们逐步培养野生植物资源保护意识和自觉行动。同时有关部门通过设立野生植物资源保护的专项资金，支持野生植物科研、宣传和保护拯救工程建设等方面工作。

第二章

各　论

国家重点	省重点	中国红色名录	IUCN 红色名录	CITES 附录
II 级		EN	NE	

长柄石杉　千层塔

Huperzia javanica (Sw.) Fraser-Jenk

【科　　属】石松科石杉属

【形态特征】多年生小型蕨类植物，植株高
10~30 cm。茎丛生，直立或斜
生，单一或数回二叉分枝，顶端
常具芽胞。叶小，螺旋状排列，
椭圆状披针形，长 1~2 cm，宽
3~4 mm，先端具短尖头，向基
部明显变狭并有柄，边缘有不规
则的尖牙齿；中脉明显。孢子叶
与营养叶同大同型。孢子囊肾形，淡黄色，腋生，横裂。孢子同型，极面观为钝
三角形，3 裂缝，具穴状纹饰。

【生　　境】生于海拔 50~1 300 m 的林下阴湿处。

【分　　布】莲都、青田、缙云、遂昌、松阳、云和、龙泉、庆元、景宁。

国家重点	省重点	中国红色名录	IUCN 红色名录	CITES 附录
II 级		NT	NE	

四川石杉

Huperzia sutchueniana (Herter) Ching

【科　　属】石松科石杉属

【形态特征】多年生小型蕨类植物，植株高  10~20 cm。茎直立或斜生，单一或 1~2 回二叉分枝，顶端有芽胞。叶螺旋状排列，密生，近平展，披针形，向基部不明显变狭，通直或镰状弯曲，长 0.5~1 cm，宽 0.8~1.0 mm，先端渐尖头，基部略较宽，无柄，边缘有疏锯齿，中脉明显，革质。孢子囊生于孢子叶的叶腋，黄色，肾形，两端超出叶缘。孢子一型。

【生　　境】生于海拔 900~1 700 m 的林下、灌丛或岩石上。

【分　　布】遂昌、龙泉、庆元、景宁。

国家重点	省重点	中国红色名录	IUCN 红色名录	CITES 附录
II级		NT	NE	

柳杉叶马尾杉

Phlegmariurus cryptomerinus (Maxim.) Satou

【科　　属】石松科马尾杉属

【形态特征】多年生附生蕨类植物，植株高20~25 cm。茎簇生，直立，上部倾斜至下垂，1~4 回二叉分枝，广开展，茎直径 2~3 mm，连叶宽 3~3.5 cm。叶螺旋状排列，斜展而指向外，披针形，长1.5~2.2 cm，宽 1.5~2 mm，先端锐尖，基部缩狭下延，无柄；叶片革质，有光泽，中脉背面隆起，干后呈绿色。孢子叶与营养叶同大同型，斜展而指向外。孢子囊圆肾形，两侧突出叶缘外。

【生　　境】附生于海拔 500~800 m 的林下阴湿岩石上。

【分　　布】莲都、遂昌、松阳、云和、龙泉、庆元、景宁。

国家重点	省重点	中国红色名录	IUCN 红色名录	CITES 附录
II 级		LC	NE	

福氏马尾杉 华南马尾杉
Phlegmariurus fordii (Baker) Ching

【科　　属】石松科马尾杉属

【形态特征】多年生附生蕨类植物，植株高
15~20 cm。茎簇生，直立，倾
斜或下垂，1~2 回二叉分枝或单
一，连叶宽 1~1.7 cm。叶螺旋
状排列，斜展；营养叶椭圆状披
针形，指向上，长 1.2 cm，中
部最宽，约 3 mm，急尖头，基
部渐变狭，中脉可见，茎下部

的叶渐变短，上部的叶向孢子叶逐渐变小。孢子叶条状披针形，排列紧密，长约
5 mm，宽约 1 mm，先端钝。孢子囊圆肾形。

【生　　境】生于海拔 100~700 m 的林下阴湿岩石或树干上。

【分　　布】庆元、景宁。

国家重点	省重点	中国红色名录	IUCN 红色名录	CITES 附录
II 级		LC	NE	

闽浙马尾杉

Phlegmariurus mingcheensis Ching

【科　　属】石松科马尾杉属

【形态特征】多年生附生蕨类植物，植株高 17~33 cm。茎直立或老时顶部倾斜，直径约 3 mm。一至数回二叉分枝或单一，连叶宽 2~2.3 cm，向上部略变狭。叶螺旋状排列，斜展，营养叶披针形，指向外，长 1.5 cm，宽 1.8 mm，先端渐尖，基部无柄，不反折；质坚厚，有光泽。孢子叶排列稀疏，与营养叶同型，但远较小，长约 1 cm，宽 0.7~0.8 mm，斜展，极稀疏，穗轴外露。孢子囊肾形。孢子球状四面形。

【生　　境】附生于海拔 500~1 000 m 的林下阴湿岩石上。

【分　　布】莲都、青田、缙云、遂昌、松阳、云和、龙泉、庆元、景宁。

国家重点	省重点	中国红色名录	IUCN 红色名录	CITES 附录
I 级		CR	NE	

东方水韭

Isoëtes orientalis H. Liu et Q.F. Wang

【科　　属】水韭科水韭属

【形态特征】多年生挺水蕨类植物。叶多数，螺旋状排列于根状茎上，扁柱形，长 10~30 cm，中部宽 2~4 mm，向上渐细；叶基部扩大成鞘状，膜质，黄白色。孢子囊着生于叶基部凹穴内，具白色膜质盖；大孢子囊常生于外围叶片基部的向轴面，内有多数白色和灰色球状四面形的大孢子，其表面具有明显的脊状突起，且连接成网络状；小孢子囊生于内部叶片基部的向轴面，内有多数白色的小孢子，其表面的突起不甚明显。

本种与中华水韭的主要区别在于后者叶中部宽 1.5 mm，叶横切面无 4 个薄壁腔室；大孢子圆球形，小孢子表面具刺棘状突起。

【生　　境】生于海拔约 1 400 m 的沼泽湿地中。

【分　　布】松阳。

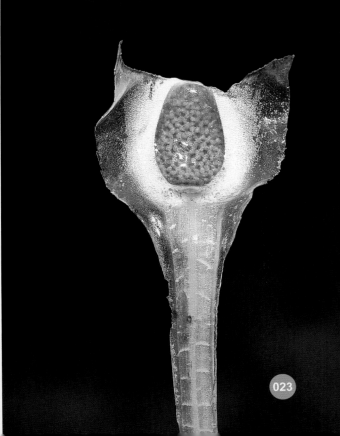

国家重点	省重点	中国红色名录	IUCN 红色名录	CITES 附录
I 级		EN	CR	

中华水韭
Isoëtes sinensis Palmer

【科　　属】水韭科水韭属

【形态特征】多年生挺水或沉水蕨类植物。叶

多数，淡绿色至深绿色，覆瓦状
密生于茎端，长 15~50 cm，基
部宽 3 mm，条形，尖头，基部
变阔，呈膜质鞘，腹面凹陷，凹
入处生孢子囊，其上生叶舌，叶
内具纵向通气道，并有多数加厚
的横隔膜；气孔多数，上部尤
多。孢子囊椭圆形，长 7~9 mm，宽 3 mm，其上无囊幕，表面通常白色，具 1 条
由密的暗褐色细胞组成宽 300 μm 的完全周边。大孢子白色，小孢子灰色。

【生　　境】生于海拔 10~900 m 的静水池塘、荒芜水田或苗圃沟渠中。

【分　　布】莲都、缙云、松阳。

国家重点	省重点	中国红色名录	IUCN 红色名录	CITES 附录
	√	VU	NE	

松叶蕨 松叶兰

Psilotum nudum (L.) P. Beauv.

【科　　属】松叶蕨科松叶蕨属

【形态特征】多年生小型附生蕨类植物，植株
高 15~50 cm。地上茎直立或下
垂，绿色，下部不分枝，上部数
回二叉分枝，小枝三棱形，密
生白色气孔。营养叶散生，钻
状或鳞片状，长 2~3 mm，宽
2~2.5 mm，先端钝尖，基部近
心形，草质，无叶脉，无叶绿
素，无毛；孢子叶卵圆形，先端二分叉。孢子囊着生于叶腋，常 3 枚聚生，囊壁
彼此融合，成为 3 室的蒴果状，成熟后纵裂。孢子长椭圆形。

【生　　境】生于海拔 900 m 以下的岩石缝隙中或附生于树干上。

【分　　布】莲都、青田、缙云、景宁。

国家重点	省重点	中国红色名录	IUCN 红色名录	CITES 附录
Ⅱ级		LC	NE	

福建观音座莲

Angiopteris fokiensis Hieron.

【科　　属】合囊蕨科观音座莲属

【形态特征】大型陆生蕨类植物，植株高达 1.5~2 m。根状茎块状，露出地面。叶簇生；叶柄长 50~70 cm 或更长；叶片阔卵形，二回羽状；羽片 5~7 对，互生，狭长圆形，长 50~60 cm，宽 15~20 cm；小羽片披针形，35~40 对，平展，上部的略斜向上，先端渐尖，基部近截形或圆形，顶生小羽片与侧生的同型，有柄；叶片草质，两面光滑。孢子囊群长圆形，着生于叶边，通常由 8~10 个孢子囊组成。

【生　　境】生于海拔 250~300 m 的阔叶林下。

【分　　布】松阳、景宁、庆元、遂昌。

国家重点	省重点	中国红色名录	IUCN 红色名录	CITES 附录
Ⅱ级		LC	NE	附录Ⅱ

金毛狗

Cibotium barometz (L.) J. Sm.

【科　　属】 蚌壳蕨科金毛狗属

【形态特征】 大型陆生蕨类植物，植株高达数米。根状茎卧生，基部被有一大丛垫状的金黄色绒毛，形如金毛狗头。叶片大，长达 180 cm，三回羽裂；中脉两面突出，侧脉两面隆起，斜出；叶片薄革质或厚纸质，小羽轴上下两面略有短褐毛疏生。孢子囊群在每一末回能育裂片上，1~5 对，生于下部的小脉顶端；囊群盖坚硬，棕褐色，成熟时张开如蚌壳，露出孢子囊群。孢子三角状四面形，透明。

【生　　境】 生于溪边、林下阴湿处。

【分　　布】 景宁、青田。

国家重点	省重点	中国红色名录	IUCN 红色名录	CITES 附录
II级		VU	LC	

水蕨

Ceratopteris thalictroides (L.) Brongn.

【科　　属】水蕨科水蕨属

【形态特征】一年生水生或湿生蕨类植物，植
株高 10~80 cm。叶簇生，二型，
分不育叶和能育叶；不育叶直立
或幼时漂浮，叶柄长 3~40 cm，
叶片狭长圆形；能育叶长圆形或
卵状三角形，羽片 3~8 对，互
生，斜展，末回裂片条形，角果
状，长 5~6.5 cm，宽 1~2 mm，

先端渐尖，边缘薄而透明，强度反卷到达中脉。孢子囊群沿网脉疏生，幼时为反
卷的叶边覆盖，成熟后多少张开。

【生　　境】生于海拔近 10 m 的池塘、水沟、农田等处。

【分　　布】莲都、青田。

国家重点	省重点	中国红色名录	IUCN 红色名录	CITES 附录
		EN	NE	

东京鳞毛蕨

Dryopteris tokyoensis (Matsum. ex Makino) C. Chr.

【科　　属】鳞毛蕨科鳞毛蕨属

【形态特征】陆生中型蕨类植物，植株高
90~110 cm。叶簇生；叶柄长
20~25 cm，禾秆色，密被阔披针形鳞
片，中部以上渐疏；叶片长圆状披针
形，二回羽状深裂；羽片 30~40 对，
互生，斜向上，具短柄，狭长披针形；
裂片长圆形，具细锯齿；叶脉羽状，
侧脉二叉，伸达叶边；叶片纸质，两
面无毛。叶片上部能育，下部不育，孢子囊群大，圆形，着生于小脉中部，通常
沿羽轴两侧各排成 1 行，靠近中脉；囊群盖圆肾形，全缘，宿存。

【生　　境】生于海拔 1 000~1 200 m 的林下湿地或沼泽中。

【分　　布】景宁。

国家重点	省重点	中国红色名录	IUCN 红色名录	CITES 附录
		EN	NE	

黄山鳞毛蕨

Dryopteris whangshangensis Ching

【科　　属】鳞毛蕨科鳞毛蕨属

【形态特征】陆生中型蕨类植物，植株高 60~80 cm。
叶簇生；叶柄及叶轴被棕色、边缘流苏状
的鳞片；叶片长 30~40 cm，披针形，先
端渐尖，向基部渐缩狭，上部能育，下
部不育，二回羽状深裂；羽片 20~22 对，
平展或略斜展，彼此密接，基部 3~4 对
羽片渐短缩，羽状深裂；裂片长方形，先
端平截，具 3~4 个粗锯齿；叶片草质，

两面沿羽轴和中脉被卵圆形、基部流苏状的鳞片。孢子囊群生于叶片上部的裂片
顶端，边生，成熟时常超出裂片边缘；囊群盖小，圆肾形，淡褐色，全缘。

【生　　境】生于海拔 500~1 550 m 的林下。

【分　　布】遂昌、龙泉、庆元、景宁。

国家重点	省重点	中国红色名录	IUCN 红色名录	CITES 附录
I 级		CR	CR	

百山祖冷杉

Abies beshanzuensis M.H. Wu

【科　　属】松科冷杉属

【形态特征】常绿乔木，高达 18 m。树干通直，树皮棕灰色，呈不规则块状开裂；大枝平展，小枝对生。叶片条形，排成 2 列，长 1~4.5 cm，宽约 3 mm，先端有凹缺，幼树及萌生枝上的叶先端呈刺状 2 叉，下面有 2 条银白色气孔带，树脂道 2。雄球花下垂；雌球花圆柱形，直立。球果直立，圆柱形，长 7~12 cm，成熟时呈淡褐色或淡黄褐色；种鳞扇状四边形，两侧耳状；苞鳞比种鳞短，上部圆，先端微露出，具突出的短刺状尖头。种子倒三角状卵形，长约 1 cm，有宽翅。花期 5 月，球果 11 月成熟。

【生　　境】为浙江省特有种，仅产于庆元。散生于百山祖南坡海拔 1 700 m 左右的沟谷阔叶林中。

【分　　布】庆元。

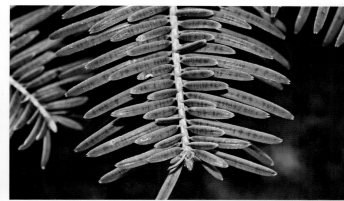

国家重点	省重点	中国红色名录	IUCN 红色名录	CITES 附录
	√	LC	NE	

江南油杉 浙江油杉

Keteleeria fortunei (A. Murray bis) *Carr.* var. *cyclolepis* (Flous) Silba

【科　　属】松科油杉属

【形态特征】常绿乔木，高达 25 m。树干通直，树皮灰褐色，不规则纵裂；一年生枝具短柔毛，二年生、三年生枝无毛。叶片条形，在侧枝上排成较为规整的 2 列，长 2~5 cm，宽 2~4 mm，先端钝圆、微凹或具微突尖，中脉隆起，无气孔线，下面淡黄绿色。球果圆柱形或椭球状圆柱形，长 7~15 cm；中部种鳞斜方形或斜方状圆形，长与宽近相等，先端近圆形且边缘微向内反曲；苞鳞先端 3 裂，中裂片狭长，先端渐尖，边缘有细锯齿。种翅中部或中下部较宽。花期 4 月，种子 10 月成熟。

【生　　境】生于海拔 1 000 m 以下的山坡针阔混交林中。

【分　　布】莲都、遂昌、松阳、龙泉、庆元、景宁。

国家重点	省重点	中国红色名录	IUCN 红色名录	CITES 附录
II级		LC	VU	

黄杉 华东黄杉

Pseudotsuga sinensis Dode

【科　　属】松科黄杉属

【形态特征】常绿乔木，高达 50 m。树干通直，树皮深灰色，纵裂；小枝具有微隆起的叶枕。叶螺旋状互生，条形，长 1.5~3 cm，先端钝圆而微凹，上面深绿色，有光泽，下面有 2 条白色气孔带。球果卵球形或椭圆状卵球形，成熟时微被白粉，长 3.5~8 cm，直径 2~4.5 cm；中部种鳞近扇形或扇状斜方形，先端宽圆，基部宽楔形，两侧有凹缺；苞鳞露出部分向外反曲，先端 3 裂。种子三角状卵圆形，微扁，上面密生褐色短毛，具种翅。花期 4 月，球果 10—11 月成熟。

【生　　境】生于海拔 500~1 000 m 的山地林中。

【分　　布】莲都、龙泉、庆元。

国家重点	省重点	中国红色名录	IUCN 红色名录	CITES 附录
Ⅱ级		VU	VU	

福建柏

Fokienia hodginsii (Dunn) A. Henry et H.H. Thomas

【科　　属】柏科福建柏属

【形态特征】常绿乔木，高 30 m。树干通直，树皮红褐色，纵裂成条片状脱落；三出羽状小枝，具叶小枝扁平，排成一平面。鳞叶较大，质地较薄，长 4~7 mm，2 对交互对生，近轮生而呈节状，正面蓝绿色，下面每节具 2 大 2 小 4 条粉白色气孔带。球果近球形，

2~2.5 cm；种鳞 6~8 对，顶部多角形，中间具 1 小尖头。种具 2 枚大小不等的薄翅。花期 3—4 月，球果翌年 10—11 月成熟。

【生　　境】生于海拔 600~1 200 m 的山地林中。

【分　　布】缙云、遂昌、松阳、云和、龙泉、庆元、景宁。

国家重点	省重点	中国红色名录	IUCN 红色名录	CITES 附录
	√	EN	NT	

竹柏

Nageia nagi (Thunb.) Kuntze

【科　　属】罗汉松科竹柏属

【形态特征】常绿乔木，高达 20 m。树皮不规则薄片状剥落，光滑；枝条上举。叶片长卵形或卵状披针形，长 3.5~10 cm，宽 1~3 cm，对生或近对生，有多数平行细脉，无中脉，基部楔形或宽楔形，向下窄成柄状。雄球花腋生，穗状圆柱形，常 3~5 条簇生于花序梗上；雌球花单生于叶腋，稀成对腋生。种子球形，直径 1.2~1.5 cm，假种皮成熟时呈暗紫色，有白粉。花期 4—5 月，种子 10—12 月成熟。

【生　　境】生于海拔 500 m 以下的山谷溪边或山坡阔叶林中。浙江省各地常见栽培。

【分　　布】云和、龙泉。

国家重点	省重点	中国红色名录	IUCN 红色名录	CITES 附录
II 级		VU	LC	

罗汉松

Podocarpus macrophyllus (Thunb.) Sweet

【科　　属】罗汉松科罗汉松属

【形态特征】乔木，高达 20 m。树皮灰色或灰褐色，浅纵裂，成片脱落。叶片条状披针形，微弯，长 7~13 cm，宽 0.7~1 cm，先端短尖或钝尖，基部楔形，中脉显著隆起，下面灰绿色或浅绿色，中脉微隆起。雄球花穗状，腋生，常 3~5 条簇生于极短的花序梗上；雌球花单生于叶腋。种子卵圆形，直径约 1 cm，成熟时假种皮呈粉绿色，白粉明显，种托肉质，黄红、紫红至紫黑色，梗长 1~1.5 cm。花期 5—6 月，种子 8—10 月成熟。

【生　　境】生于低海拔的山沟阔叶林中。

【分　　布】莲都、青田、缙云、遂昌、松阳、龙泉、景宁。

国家重点	省重点	中国红色名录	IUCN 红色名录	CITES 附录
Ⅱ级		VU	LC	附录Ⅲ

百日青

Podocarpus neriifolius D. Don

【科　　属】罗汉松科罗汉松属

【形态特征】乔木，高达 25 m。树皮灰褐色，浅纵裂。叶片革质，长披针形，长 7~16 cm，宽 0.9~1.4 cm，上部较窄，先端渐尖（萌生枝上的叶稍宽，先端急尖），基部渐窄，楔形，有短柄，中脉上面隆起，下面微隆起。雄球花穗状，单生或 2~3 条簇生。种子卵圆形，直径 7~8 mm，成熟时假种皮呈绿色，几无白粉，种托肉质，鲜红色至紫黑色，梗长 1~2.5 cm。花期 5—6 月，种子 7—9 月成熟。

【生　　境】生于海拔 200~900 m 的山地阔叶林中。杭州、宁波、丽水等地有少量栽培。

【分　　布】松阳、龙泉、景宁。

国家重点	省重点	中国红色名录	IUCN 红色名录	CITES 附录
II 级		LC	NT	

穗花杉

Amentotaxus argotaenia (Hance) Pilger

【科　　属】红豆杉科穗花杉属

【形态特征】小乔木，高 3~8 m。树皮灰黄褐色，薄片状脱落。叶交叉对生，叶片条状披针形，稍呈 "S" 形弯曲，长 3~11 cm，宽 6~11 mm，先端尖或钝，基部渐窄成楔形，具短柄，下面 2 条白色气孔带与绿色边带等宽或较窄。雄球花 2~6 条集生；雌球花生于新梢叶腋。种子倒卵状椭圆形，肉质假种皮鲜红色。花期 4—5 月，种子翌年 4—5 月成熟。

【生　　境】生于海拔 400~700 m 的沟谷两侧阴湿常绿阔叶林下。

【分　　布】龙泉。

国家重点	省重点	中国红色名录	IUCN 红色名录	CITES 附录
II 级		VU	VU	

白豆杉

Pseudotaxus chienii (Cheng) Cheng

【科　　属】红豆杉科白豆杉属

【形态特征】常绿小乔木或灌木，高可达 7 m。树皮灰褐色，片状脱落；一年生小枝黄褐色或黄绿色。叶片长 1~2.6 cm，宽 0.2~0.5 cm，先端急尖，基部近圆形，有短柄。种子卵圆形，长 5~8 mm，直径 4~5 mm，顶端有突起的小尖，生于白色肉质的杯状假种皮中。花期 3—4 月，种子 10—11 月成熟。

【生　　境】生于海拔 1 100~1 600 m 的阴坡、谷地针阔混交林中，或生于悬崖峭壁上。

【分　　布】缙云、遂昌、松阳、龙泉、庆元。

国家重点	省重点	中国红色名录	IUCN 红色名录	CITES 附录
Ⅰ 级		VU	EN	附录Ⅱ

红豆杉

Taxus chinensis (Pilger) Rehder

【科　　属】红豆杉科红豆杉属

【形态特征】乔木，高可达 30 m。树皮灰褐色或暗红褐色；大枝开展；二年生、三年生枝黄褐色或淡红褐色。叶片条形，排成较整齐的 2 列，长 1~2.5 cm，宽 2~4 mm，较通直，上部渐窄，先端微急尖，下面气孔带淡黄绿色，中脉上密生均匀而微小的圆形角质乳头状突起，常与气孔带近同色。种子生于鲜红色肉质杯状假种皮中，卵圆形，长 5~7 mm，直径 3.5~4.5 mm。花期 4 月，种子 10 月成熟。

【生　　境】生于海拔 1 000~1 500 m 的山坡、沟谷混交林中。

【分　　布】龙泉。

国家重点	省重点	中国红色名录	IUCN 红色名录	CITES 附录
I 级		VU	VU	附录 II

南方红豆杉 美丽红豆杉

Taxus mairei (Lemée ex T.S. Liu H. Lév.) S.Y. Hu

【科　　属】红豆杉科红豆杉属

【形态特征】乔木，高达 20 m。树皮赤褐色或灰褐色，浅纵裂。叶片多呈镰状，排成较整齐的 2 列，长 1.5~4 cm，宽 3~5 mm，稍弯曲，上部渐窄，先端渐尖，下面中脉带上局部有成片或零星的角质乳头状突起或无，中脉明显可见，淡绿色或绿色，气孔带黄绿色，与中脉异色，绿色边带较宽而明显。种子生于鲜红色肉质杯状假种皮中，长 6~8 mm，直径 4~5 mm。花期 3—4 月，种子 11 月成熟。

【生　　境】散生于海拔 100 m 以上的常绿阔叶林或混交林中。浙江省各地广泛栽培。

【分　　布】莲都、青田、缙云、遂昌、松阳、云和、龙泉、庆元、景宁。

国家重点	省重点	中国红色名录	IUCN 红色名录	CITES 附录
Ⅱ级		LC	LC	

榧树 野杉

Torreya grandis Fort. ex Lindl.

【科　　属】红豆杉科榧属

【形态特征】常绿乔木，高达 32 m。二年生、三年生小枝黄绿色至淡褐色。叶片条形，长 0.7~3.6 cm，宽 1.5~3.5 mm，先端急尖，具刺状短尖头，基部近圆形，上面亮绿色，中脉不明显，无或具 2 条不明显的凹槽，下面淡绿色，气孔带与中脉带近等宽，绿色边带与气孔带等宽或稍宽。种子椭球形、卵圆形、倒卵形或长椭球形，长 2.3~4.5 cm，直径 2~2.8 cm，成熟假种皮淡紫褐色，有白粉。花期 4 月，种子翌年 10—11 月成熟。

【生　　境】多生于海拔 800 m 以下的低山谷地混交林中。

【分　　布】莲都、青田、缙云、遂昌、松阳、云和、龙泉、庆元、景宁。

国家重点	省重点	中国红色名录	IUCN 红色名录	CITES 附录
II级		VU	EN	

长叶榧 浙榧

Torreya jackii Chun

【科　　属】红豆杉科榧属

【形态特征】常绿乔木或灌木状，高 3~14 m。小枝平展或下垂，二年生、三年生枝红褐色。叶片条状披针形，长 3.5~14 cm，宽约 4 mm，先端渐尖，具刺状尖头，基部楔形，有短柄，上面有 2 条浅槽，中脉不明显，下面淡黄绿色，中脉微隆起，气孔带灰白色，绿色边带宽约为气孔带的 2 倍。种子倒卵形至宽倒卵形，长 2~3 cm，被白粉，柄极短。花期 3—4 月，种子翌年 10 月中下旬成熟。

【生　　境】生于海拔 200~1 320 m 的山谷沟边、山坡针阔混交林中或悬崖峭壁上及石缝中。

【分　　布】莲都、青田、缙云、遂昌、松阳、云和、龙泉、庆元、景宁。

国家重点	省重点	中国红色名录	IUCN 红色名录	CITES 附录
II 级		CR	NE	

九龙山榧

Torreya jiulongshanensis (Z.Y. Li, Z.C. Tang et N. Kang) C.C. Pan, J.L. Liu et X.F. Jin

【科　　属】红豆杉科榧属

【形态特征】常绿乔木，高达 30 m。小枝平展或下垂，二年生、三年生枝红褐色。叶片条状披针形，长 3~7 cm，宽 2.5~4 mm，先端渐尖，具刺状尖头，基部楔形，有短柄，上面有 2 条浅槽，中脉不明显，下面淡黄绿色，中脉微隆起，气孔带灰白色，绿色边带宽约为气孔带的 2 倍。种子椭球形，长 3~4 cm，成熟时假种皮呈淡紫褐色，有白粉。花期 4 月，种子翌年 10 月成熟。

【生　　境】生于海拔 500~800 m 的山坡或沟谷林中。

【分　　布】莲都、遂昌、松阳、龙泉。

国家重点	省重点	中国红色名录	IUCN 红色名录	CITES 附录
II 级		CR	CR	

天台鹅耳枥

Carpinus tientaiensis Cheng

【科　　属】桦木科鹅耳枥属

【形态特征】落叶乔木。小枝栗褐色。单叶互生；叶片卵形或卵状披针形，长5~8 cm，先端锐尖，基部微心形或近圆形，边缘具短钝重锯齿，下面脉腋具簇毛；侧脉 13~15 对；叶柄长 6~12 mm，上面密被柔毛。果序长 6 cm，被开展褐毛；果苞两侧不对称，内、外侧的基部均具明显的裂片而呈三裂状，中裂片外侧边缘具不明显疏钝齿，内缘全缘。坚果宽卵球形，长与宽均约 5 mm。花期 4 月，果期 8—9 月。

【生　　境】生于海拔 800~1 000 m 的林中。

【分　　布】青田、景宁。

国家重点	省重点	中国红色名录	IUCN 红色名录	CITES 附录
	√	LC	LC	

多脉铁木

Ostrya multinervis Rehder

【科　　属】桦木科铁木属

【形态特征】落叶乔木。树皮条片状开裂；小枝紫褐色，疏被柔毛，具条棱，皮孔明显。单叶，互生；叶片长卵形至卵状披针形，先端长渐尖至尾状渐尖，基部微心形或圆形，边缘具不规则锐齿，上面疏被长柔毛，下面密被短柔毛，后仅在两面脉上具毛，侧脉 18~20 对；叶柄密被短柔毛。雄花序单生或 2~3 个簇生。果序总状，果苞排列密集；果苞椭圆形，基部不缢缩。坚果狭卵球形，平滑。花期 4 月，果期 8—9 月。

【生　　境】生于海拔 650~1 200 m 的混交林中。

【分　　布】龙泉、庆元、景宁。

国家重点	省重点	中国红色名录	IUCN 红色名录	CITES 附录
II 级		LC	NT	

尖叶栎 铁櫃树

Quercus oxyphylla (E.H. Wilson) Hand.-Mazz.

【科　　属】壳斗科栎属

【形态特征】常绿小乔木或灌木，高 5~10 m。树皮黑褐色，纵裂。小枝密被黄褐色星状绒毛。叶片革质，卵状披针形、长圆形或倒卵形，先端渐尖至钝尖，基部圆形或浅心形，全缘或上部有粗齿，侧脉 6~12 对；叶柄密被黄褐色星状毛。壳斗杯状，包被坚果约 1/2；苞片条状披针形，先端反曲，被苍黄色绒毛。坚果长椭球形或卵球形，顶端被短绒毛。花期 5—6 月，果期翌年 10 月。

【生　　境】生于海拔约 500 m 的沟谷、山坡阔叶林中。

【分　　布】龙泉、景宁。

国家重点	省重点	中国红色名录	IUCN 红色名录	CITES 附录
Ⅱ级		EN	VU	

长序榆

Ulmus elongata L.K. Fu et C.S. Ding

【科　　属】榆科榆属

【形态特征】落叶乔木，高达 30 m。树皮不规则条块状剥落；老枝有时具膨大的木栓层。叶片椭圆形、椭圆状披针形或披针形，先端渐尖，基部偏斜，边缘重锯齿，叶面微粗糙。总状聚伞花序生于二年生枝叶痕腋部，长可达 7 cm，下垂，花序轴有极疏毛；花萼 6 浅裂，无毛；花梗较花萼长 2~4 倍，无毛。翅果两端渐窄，先端 2 裂，柱头细长，果核位于翅果中部偏上，边缘密生白色长睫毛。花期 3 月，果期 4 月。

【生　　境】生于海拔 600~1 000 m 的山地阔叶林中。

【分　　布】遂昌、松阳、云和、庆元、景宁。模式标本采自松阳。

国家重点	省重点	中国红色名录	IUCN 红色名录	CITES 附录
II级		NT	VU	

榉树 大叶榉

Zelkova schneideriana Hand. -Mazz.

【科　　属】榆科榉属

【形态特征】乔木，高达 25 m。当年生枝灰色，密被柔毛。叶片厚纸质，大小形状变异很大，通常为卵形、椭圆形或卵状披针形，长 3.6~12cm，宽 1.3~4.7 cm，先端渐尖，基部宽楔形或圆形，单锯齿桃形，具钝尖头，上面粗糙，具脱落性硬毛，下面密被淡灰色柔毛，侧脉 8~14 对，直达齿尖；叶柄长 1~4 mm，密被毛。坚果小，上部偏斜，直径 2.5~4 mm，网肋明显。花期 3—4 月，果期 9—11 月。

【生　　境】散生于海拔 700 m 以下光照充足的山谷、山坡阔叶林中或平原丘陵地区的村边、路旁。

【分　　布】莲都、青田、缙云、遂昌、松阳、云和、龙泉、庆元、景宁。

国家重点	省重点	中国红色名录	IUCN 红色名录	CITES 附录
		VU	NE	

闽北冷水花

Pilea gracilis Hand.-Mazz. subsp. *fujianensis* (C.J. Chen) W.T. Wang

【科　　属】荨麻科冷水花属

【形态特征】多年生草本，高 30~100 cm。根状茎横走；茎常丛生，带红色，节间中部稍膨大。叶片近披针形，基部渐狭，边缘具浅圆锯齿，两面光滑无毛，离基三出脉；托叶三角形，小，宿存。雌雄异株；二歧聚伞状或聚伞圆锥状花序成对生于叶腋；雄花序长 2~5 cm，花被片 4，卵形，几无短角状突起，雄蕊 4；雌花序紧缩成簇生状，花被片 3，近等大。瘦果卵圆形，顶端偏斜，双凸镜状，具细疣状突起。花期 4—5 月，果期 5—7 月。

【生　　境】生于山谷路旁阴湿处。

【分　　布】莲都、青田、遂昌、松阳、云和、龙泉、庆元、景宁。

国家重点	省重点	中国红色名录	IUCN 红色名录	CITES 附录
		VU	NE	

祁阳细辛

Asarum magnificum Tsiang ex C.Y. Cheng et C.S. Yang

【科　　属】马兜铃科细辛属

【形态特征】多年生草本。根状茎短；须根肉质。叶2或3；叶片薄革质，戟状卵形，先端急尖，基部耳状心形，边缘骨质，上面深绿色，有时有云斑。花单生于叶腋，大型，直径3~7 cm；花被在子房以上合生，花被筒漏斗状钟形，长3~7 cm，内侧下部具多数纵褶区，喉部不缢缩，花被裂片三角状卵形，先端及边缘紫绿色；子房近上位，花柱6，离生，先端2裂，柱头位于花柱裂片下方的外侧。蒴果倒卵状球形。花期3—5月，果期6—7月。

【生　　境】生于山坡林下阴湿处。

【分　　布】莲都、缙云、遂昌、松阳、龙泉。

国家重点	省重点	中国红色名录	IUCN 红色名录	CITES 附录
		VU	NE	

细辛 华细辛

Asarum sieboldii Miq.

【科　　属】 马兜铃科细辛属

【形态特征】 多年生草本。根状茎短；须根肉质。叶1或2；叶片薄纸质，肾状心形，先端短渐尖，基部深心形，上面常有云斑；叶柄长 10~20 cm。花单生于叶腋；花被在子房以上合生，花被筒钟形，内侧具多数纵褶，花被裂片宽卵形，平展；雄蕊12，着生于子房上，花丝长于或等长于花药，药隔延伸成短舌状；子房半下位，花柱6，仅基部合生，先端2浅裂，柱头位于花柱裂片下方的外侧。蒴果近球形。花期4—5月，果期6—7月。

【生　　境】 生于山坡或沟谷林下阴湿处。

【分　　布】 莲都、青田、景宁。

国家重点	省重点	中国红色名录	IUCN 红色名录	CITES 附录
II 级		LC	NE	

金荞麦 野荞麦

Fagopyrum dibotrys (D. Don) Hara

【科　　属】蓼科荞麦属

【形态特征】多年生草本，高 50~100 cm。根状茎粗大结节状。茎直立，具纵棱，中空。叶片宽三角形或卵状三角形，先端渐尖，基部心状戟形，边缘及两面脉上具乳头状突起或被柔毛；叶柄长可达 10 cm；托叶鞘筒状，淡褐色，顶端截形，无缘毛。花序伞房状，顶生或腋生；苞片卵状披针形或卵形，每苞内具 2~4 花；花梗中部具关节；花被白色，5 深裂，长圆形。小坚果三棱锥状宽卵形，黑褐色，无光泽。花期 7—9 月，果期 8—10 月。

【生　　境】生于山坡荒地上、旷野路边及水沟边。

【分　　布】莲都、青田、缙云、遂昌、松阳、云和、龙泉、庆元、景宁。

国家重点	省重点	中国红色名录	IUCN 红色名录	CITES 附录
	√	LC	NE	

孩儿参 太子参

Pseudostellaria heterophylla (Miq.) Pax

【科　　属】石竹科孩儿参属

【形态特征】多年生草本。块根纺锤形，肉质。茎通常单生，基部带紫色。茎中下部的叶片对生，茎顶 4 叶常呈假轮生状；叶片卵状披针形至长卵形，先端渐尖，基部宽楔形。花二型，均腋生。开放花生于茎顶部，较大；花瓣 5，白色，与萼片近等长；雄蕊 10；花柱 3。闭锁花生于茎下部，较小；萼片 4，卵形；通常无花瓣；雄蕊 2；子房卵形，柱头 3。蒴果卵球形。种子圆肾形，黑褐色，表面具疣状突起。花期 4—5 月，果期 5—6 月。

【生　　境】生于海拔 500~1 500 m 的阴湿山坡上、林下及石隙中。

【分　　布】莲都、青田、缙云、遂昌、松阳、云和、龙泉、庆元、景宁。

国家重点	省重点	中国红色名录	IUCN 红色名录	CITES 附录
	√	LC	LC	

芡实　鸡头米
Euryale ferox Salisb. ex DC.

【科　　属】睡莲科芡属

【形态特征】一年生水生草本。植株具刺。叶二型；初生叶为沉水叶，箭形或椭圆形；次生叶为浮水叶，成株叶片圆形，盾状，全缘，上面深绿色，下面常紫色，两面在叶脉分枝处具锐刺；叶柄及花梗粗壮，皆有锐刺。花单生，伸出水面，直径约 5 cm；萼片 4，内面紫色，外面密生稍弯锐刺；花瓣多数，蓝紫色，呈数轮排列，向内渐变为雄蕊；柱头红色，盘状。浆果状果实近球形，密生硬锐刺，顶端有直立宿萼。种子多数，球形，黑色。花期 7—8 月，果期 8—10 月。

【生　　境】多生于平原地带的池塘、湖泊中。

【分　　布】莲都。

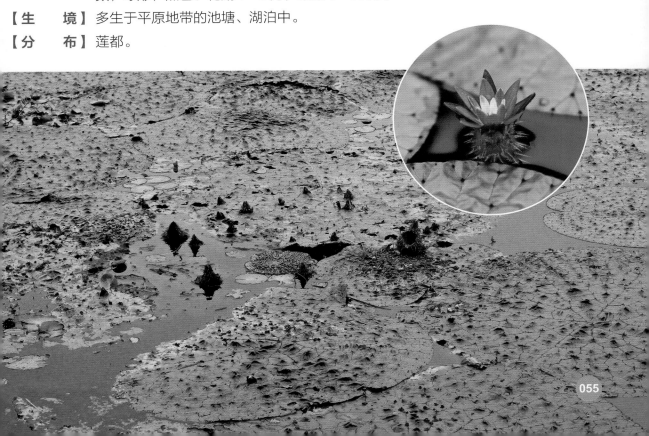

国家重点	省重点	中国红色名录	IUCN 红色名录	CITES 附录
	√	NE	LC	

睡莲

Nymphaea tetragona Georgi

【科　　属】睡莲科睡莲属

【形态特征】多年生水生草本。叶片纸质，漂浮于水面，卵形或卵圆形，先端钝圆，基部具深弯缺，全缘，上面绿色，光亮，下面带红色或紫色，两面无毛；叶柄长达 60 cm。花单生于花梗顶端，直径 2~4 cm，白色，通常午后开放；花蕾桃形，具 4 棱；花萼 4，宿存；花瓣 8~15，宽披针形、长圆形或倒卵形；雄蕊多数，花药条形；子房圆锥形，柱头盘状。果实球形，为宿萼包裹。种子多数，椭球形，黑色。花期 6—8 月，果期 8—10 月。

【生　　境】生于海拔 60~1 500 m 的丘陵池塘或山地沼泽中。

【分　　布】莲都、龙泉、缙云。

国家重点	省重点	中国红色名录	IUCN 红色名录	CITES 附录
II 级		CR	LC	

莼菜

Brasenia schreberi J.F. Gmel.

【科　　属】莼菜科莼菜属

【形态特征】多年生水生草本。根状茎匍匐，具沉水叶及匍匐枝；茎细长，多分枝，嫩茎、叶及花梗被透明胶质物。浮水叶片盾状着生，椭圆形，全缘，上面绿色，下面紫红色，两面无毛；叶柄长 25~40 cm，着生于叶片中央。花单生于叶腋，暗紫色；萼片 3~4，绿褐色或紫褐色，花瓣状，宿存；花瓣 3 或 4，紫褐色，宿存；雄蕊紫红色。坚果革质，数个聚生，不开裂。种子 1 或 2，卵形。花期 5—9 月，果期 10 月至翌年 2 月。

【生　　境】生于海拔 700 m 以上的山塘或山地沼泽中。

【分　　布】青田、遂昌、龙泉、庆元、景宁。

国家重点	省重点	中国红色名录	IUCN 红色名录	CITES 附录
Ⅱ级		LC	LC	

连香树

Cercidiphyllum japonicum Siebold et Zucc.

【科　　属】连香树科连香树属

【形态特征】落叶乔木，高可达 30 m。树皮纵
裂；具长枝和短枝；叶在长枝上
对生，在短枝上仅生 1 叶；叶片
卵形、宽卵形、圆形或扁圆形，先
端圆或钝尖，基部心形，边缘具浅
圆齿，基出掌状脉 5~7；叶柄长
1~3 cm；托叶早落。雄花单生或 4
朵簇生于叶腋；苞片花时带红色；
花丝细长，花药红色；雌花腋生，柱头红色。聚合蓇葖果；蓇葖果圆柱形，微
弯，香蕉状，花柱宿存。种子数粒，先端有透明翅。花期 4 月，果期 10—12 月。

【生　　境】生于海拔 600~1 400 m 的山坡或山谷溪边杂木林中。

【分　　布】遂昌。

国家重点	省重点	中国红色名录	IUCN 红色名录	CITES 附录
	√	NT	NE	

舟柄铁线莲

Clematis dilatata Pei

【科　　属】**毛茛科铁线莲属**

【形态特征】常绿木质藤本。茎、枝有纵条纹。一回至二回羽状复叶，有 5~13 小叶；小叶片革质，长卵形至长圆状披针形，先端锐尖或钝，基部圆形或浅心形，全缘，两面无毛，下面粉绿色；叶柄基部合生扩大成舟状。圆锥状聚伞花序顶生或腋生；花序梗、花梗有较密柔毛；苞片小；花大，直径达 5.5 cm；萼片平展， 白色或微带淡紫色，倒卵状披针形或长椭圆形。瘦果狭卵形，被短柔毛，宿存花柱长达 3.5 cm。花期 5—6 月，果期 7—8 月。

【生　　境】生于海拔 600 m 以下的山坡林中或山谷路边林缘。

【分　　布】莲都、青田、缙云、松阳、云和、龙泉、庆元、景宁。

国家重点	省重点	中国红色名录	IUCN 红色名录	CITES 附录
Ⅱ级		EN	NE	

短萼黄连　浙黄连

Coptis chinensis Franch. var. *brevisepala* W.T. Wang et Hsiao

【科　　属】毛茛科黄连属

【形态特征】多年生常绿草本。根状茎黄色，
密生多数须根。叶全部基生，具
长柄；叶片薄革质，卵状三角
形，宽达 12 cm，掌状 3 全裂，
中裂片卵状菱形，具 3 或 5 对羽
状裂片，边缘具细刺尖状的锐锯
齿，侧裂片斜卵形。花葶 1 或 2，
高 12~25 cm；二歧或多歧聚伞
花序，具 3~8 花；萼片 5，黄绿色，平直不反卷；花瓣约 12，先端渐尖，短于萼
片；雄蕊 12~20；心皮离生。蓇葖果具长柄。种子 7 或 8，褐色。花期 2—3 月，
果期 4—6 月。

【生　　境】生于海拔 400~1 400 m 的沟谷林下阴湿处。

【分　　布】莲都、青田、遂昌、松阳、云和、龙泉、庆元、景宁。

国家重点	省重点	中国红色名录	IUCN 红色名录	CITES 附录
	√	LC	NE	

猫儿屎 野香蕉

Decaisnea insignis (Griff.) Hook. f. et Thoms.

【科　　属】木通科猫儿屎属

【形态特征】落叶灌木，高 2~4 m。茎稍被白粉。羽状复叶长 50~80 cm；叶轴生小叶处有关节；小叶 13~25，对生，长椭圆形或卵状椭圆形，先端渐尖，基部宽楔形至近圆形，全缘；具短柄。花杂性异株；总状花序腋生或圆锥花序顶生，长 20~50 cm，弧曲；花黄绿色，下垂；萼片披针形，长渐尖；无花瓣。果圆柱形，直或弯曲，灰褐色至乳白色，密被疣状突起或龟甲状细纹，沿腹缝线开裂。种子倒卵形，扁平，亮黑色。花期 4—6 月，果期 9—10 月。

【生　　境】生于海拔 500~1 400 m 的山坡、沟边阴湿林中。

【分　　布】遂昌、龙泉、景宁。

国家重点	省重点	中国红色名录	IUCN 红色名录	CITES 附录
II 级		NT	NE	

六角莲　山荷叶

Dysosma pleiantha (Hance) Woodson

【科　　属】小檗科鬼臼属

【形态特征】多年生草本，高 20~80 cm。根
状茎粗壮，结节状。茎淡绿色或
粉绿色。茎生叶常 2，对生，盾
状，近圆形，直径 12~4 0cm，
5~9 浅裂或呈浅波状，边缘具细
密小齿，两面无毛，放射脉直达
裂片先端。花深红色或紫红色，

5~14 朵簇生于两叶柄交叉处，下垂；花梗纤细，无毛；萼片 6，粉绿色，早落；
花瓣 6，长圆形至倒卵状椭圆形；雄蕊 6。浆果近球形至卵圆形，成熟时呈紫黑
色，具多数种子。花期 3—5 月，果期 8—9 月。

【生　　境】生于海拔 300~1 600 m 的山坡沟谷林下或阴湿溪谷草丛中。

【分　　布】莲都、青田、缙云、遂昌、松阳、云和、龙泉、庆元、景宁。

国家重点	省重点	中国红色名录	IUCN 红色名录	CITES 附录
Ⅱ级		VU	VU	

八角莲

Dysosma versipellis (Hance) M. Cheng ex T.S. Ying

【科　　属】小檗科鬼臼属

【形态特征】多年生草本，高 40~150 cm。根状茎粗壮，横走。茎不分枝，淡绿色或粉绿色。茎生叶 2，互生，盾状，近圆形，直径可达 35 cm，近掌状 4~9 中裂，边缘具细齿，上面无毛，下面密被或疏被毛至无毛，放射脉直达裂片先端。花深红色，5~14 朵簇生于离叶基不远处，下垂；花梗纤细，被柔毛；萼片 6，粉绿色，早落；花瓣 6，勺状倒卵形；雄蕊 6。浆果倒卵形至椭球形，具多数种子。花期 4—5 月，果期 6—8 月。

【生　　境】生于海拔 300~1 300 m 的山坡林下、灌丛中、溪边阴湿处或竹林下。

【分　　布】遂昌、龙泉、景宁。

国家重点	省重点	中国红色名录	IUCN 红色名录	CITES 附录
	√	NT	NE	

黔岭淫羊藿

Epimedium leptorrhizum Stearn

【科　　属】小檗科淫羊藿属

【形态特征】多年生常绿草本，高 12~30 cm。根状茎细长横走。一回三出复叶，叶柄及小叶柄着生处被褐色柔毛；小叶 3，薄革质，长卵形、卵形或卵圆形，先端渐尖或骤尾尖，基部深心形；顶生小叶片基部裂片近等大，相互靠近；侧生小叶片基部裂片不等大，极偏斜。总状花序具 3~8 花；花大，直径约 4 cm；萼片 2 轮，外萼片卵状长圆形，早落，内萼片狭椭圆形，白色；距状花瓣淡紫色或紫红色，长于内萼片。蒴果长纺锤形，宿存花柱喙状。花期 3—4 月，果期 5—6 月。

【生　　境】生于海拔 800~1 500 m 的阔叶林、毛竹林下或灌丛中。

【分　　布】莲都、青田、遂昌、云和、龙泉、庆元、景宁。

国家重点	省重点	中国红色名录	IUCN 红色名录	CITES 附录
	√	NT	NE	

箭叶淫羊藿

Epimedium sagittatum (Siebold et Zucc.) Maxim.

【科　　属】小檗科淫羊藿属

【形态特征】多年生常绿草本，高 30~60 cm。根状茎粗壮，结节状。一回三出复叶；茎生复叶 1~3，小叶 3，革质；顶生小叶片卵状披针形，先端急尖至渐尖，基部心形；侧生小叶片箭形，基部呈不对称的心形浅裂，尾端急尖，边缘具细密刺齿；小叶柄长 4.5~8 cm。圆锥花序具 18~60 余花；花白色；外萼片长圆状卵形，密被紫斑，内萼片大，卵状三角形或卵形，白色；距状花瓣 4，棕黄色，基部囊状。蒴果顶端具长喙。种子肾状长圆形。花期 3—4 月，果期 5—6 月。

【生　　境】生于海拔 500~1 500 m 的山坡、沟谷林下或灌丛中。

【分　　布】莲都、青田、缙云、遂昌、松阳、云和、龙泉、庆元、景宁。

国家重点	省重点	中国红色名录	IUCN 红色名录	CITES 附录
	√	**VU**	**VU**	

天目木兰

Magnolia amoena Cheng

【科　　属】木兰科木兰属

【形态特征】落叶乔木，高达 12 m。树皮灰色，平滑；二年生枝带绿色；顶芽、花蕾、花梗及果梗均密被平伏白色长绢毛。叶散生；叶片倒披针形或倒披针状椭圆形，先端渐尖或急尖成尾状，基部楔形或圆形，侧脉 10~13 对；叶柄长 1~1.5 cm，托叶痕长为叶柄的 1/5~1/3。花先于叶开放，直径约 6 cm，芳香；花被片 9，一型，排成 3 轮，长 5~6.5 cm，外面粉红色或下部紫色。聚合果呈不规则细柱形，常弯曲。花期 3—4 月，果期 9—10 月。

【生　　境】生于海拔 150~1 200 m 的阴坡或沟谷阔叶林中。

【分　　布】龙泉、庆元。

国家重点	省重点	中国红色名录	IUCN 红色名录	CITES 附录
	√	**CR**	**EN**	

景宁木兰

Magnolia sinostellata P.L. Chiu et Z.H. Chen

【科　　属】木兰科木兰属

【形态特征】落叶灌木或小乔木，高 2~3 m。多呈丛生状。二年生枝带绿色。叶散生；叶片椭圆形、狭椭圆形至倒卵状椭圆形，先端渐尖或尾尖，基部楔形，两面无毛或下面脉腋被白色柔毛，侧脉 6~8 对；托叶痕长为叶柄的 1/2。花单生于枝顶，先于叶开放，直径 5~7 cm，芳香；花蕾、花梗密被黄色绢毛；花被片 12~18，一型，排成 4~6 轮，初时淡红色，外侧基部及中间色较深，后渐变淡，倒披针形或倒卵状匙形。聚合果圆柱形，微弯。花期 2—3 月，果期 8—9 月。

【生　　境】生于海拔 800~1 300 m 的稀疏阔叶林下、林缘及沟谷灌丛中。

【分　　布】莲都、青田、松阳、云和、景宁。

国家重点	省重点	中国红色名录	IUCN 红色名录	CITES 附录
II级		LC	EN	

凹叶厚朴

Magnolia officinalis Rehder et E.H. Wilson subsp. biloba (Rehder et E.H. Wilson) Y.W. Law

【科　　属】木兰科木兰属

【形态特征】落叶乔木，高达 20 m。树皮褐色，不裂；小枝淡黄色或灰黄色；顶芽大，窄卵状圆锥形。叶常集生于枝顶而呈轮生状；叶片大，长圆状倒卵形，先端具明显的凹缺，侧脉 15~25 对；叶柄粗壮，托叶痕长约为叶柄的 2/3。花大，直径约 15 cm，与叶同放，白色或红色，芳香；花梗粗短，被柔毛；花被片 9~12，厚肉质，外轮 3 枚淡绿色，内 2 轮白色。聚合果长圆状卵形，基部宽圆；蓇葖果具短喙。花期 4—5 月，果期 9—10 月。

【生　　境】生于海拔 300~1 400 m 的林中。浙西南山区多为人工栽培。

【分　　布】莲都、青田、缙云、遂昌、松阳、云和、龙泉、庆元、景宁。

国家重点	省重点	中国红色名录	IUCN 红色名录	CITES 附录
	√	NT	LC	

天女木兰 天女花 小花木兰

Magnolia sieboldii K. Koch

【科　　属】 木兰科木兰属

【形态特征】 落叶灌木或小乔木，高 2~5 m。二年生枝灰褐色。叶散生；叶片薄纸质，宽倒卵形或倒卵状圆形，先端短急尖至圆钝，基部近圆形，上面沿脉被弯曲柔毛，下面有白粉，沿脉密生白色长绢毛，侧脉 6~8 对；托叶痕长约为叶柄的 1/2。花单生于枝顶，与叶近对生，直径 7~10 cm，白色，芳香；花梗细长，下垂；花被片

9，一型；雄蕊群带紫红色；雌蕊群黄绿色。聚合果倒卵圆状或长圆体形，成熟时呈红色；蓇葖果沿背缝线开裂。花期 5—6 月，果期 8—9 月。

【生　　境】 生于海拔 1 100 m 以上的山顶、沟谷或山坡较湿润的矮林、灌丛中。

【分　　布】 遂昌、龙泉、庆元。

国家重点	省重点	中国红色名录	IUCN 红色名录	CITES 附录
II 级		LC	NT	

鹅掌楸 马褂木

Liriodendron chinense (Hemsl.) Sarg.

【科　　属】木兰科鹅掌楸属

【形态特征】落叶乔木，高达 40 m。树皮灰白色，纵裂；小枝灰色或灰褐色。叶片马褂形，先端平截或微凹，边缘具 1 对侧裂片，两面无毛，上面深绿色，下面苍白色，中脉隆起，圆滑无棱，无毛。花杯状，直径约 5 cm；花被片 9，外轮 3 枚淡绿色，萼片状，向外弯垂，内 2 轮花瓣状，直立，黄绿色，内面具黄色纵条纹；雌蕊群花时超出花被片。聚合果纺锤形，长 5~6 cm；小坚果连翅长约 1.5 cm。花期 4—6 月，果期 9—10 月。

【生　　境】生于海拔 700~1 200 m 的阔叶林中。浙江省各地均有栽培。

【分　　布】莲都、遂昌、松阳、云和、龙泉、庆元、景宁。

国家重点	省重点	中国红色名录	IUCN 红色名录	CITES 附录
		EN	DD	

金叶含笑

Michelia foveolata Merr. ex Dandy

【科　　属】木兰科含笑属

【形态特征】常绿乔木，高达 30 m。芽、嫩枝、叶柄、叶下面、花梗均密被红褐色短绒毛。叶片厚革质，长圆状椭圆形、椭圆状卵形或宽披针形，先端渐尖或短渐尖，基部宽楔形、圆钝或近心形，通常两侧不对称，上面深绿色，有光泽，侧脉 16~26 对，网脉致密；托叶与叶柄离生，叶柄上无托叶痕。花梗粗短，具 3 或 4 苞片脱落痕；花被片 9~12，淡黄绿色，基部带紫色，外轮 3 枚宽倒卵形。聚合果长 7~20 cm。花期 4—5 月，果期 9—10 月。

【生　　境】生于山坡林中。浙江省各地多有栽培，生长良好。

【分　　布】庆元。

国家重点	省重点	中国红色名录	IUCN 红色名录	CITES 附录
	√	LC	NE	

野含笑

Michelia skinneriana Dunn

【科　　属】木兰科含笑属

【形态特征】常绿乔木，高达 15 m。芽、幼枝、叶柄、叶下面中脉及花梗均密被褐色长柔毛。叶片革质，狭倒卵状椭圆形至狭椭圆形，先端尾状渐尖，基部楔形，上面深绿色，有光泽，下面疏被褐色长毛，侧脉 10~13 对；叶柄长 2~4 mm，托叶与叶柄贴生，托叶痕达叶柄顶端。花梗细长；花淡黄色，芳香；花被片 6，倒卵形；雌蕊群柄长 4~7 mm。聚合果长 4~7 cm，常扭曲，具细长的梗。花期 4—5 月，果期 9—10 月。

【生　　境】生于海拔 800 m 以下的山谷、山坡阔叶林中。

【分　　布】遂昌、松阳、云和、龙泉、庆元、景宁、青田。

国家重点	省重点	中国红色名录	IUCN 红色名录	CITES 附录
	√	**VU**	**EN**	

乐东拟单性木兰　乐东木兰

Parakmeria lotungensis (Chun et Tsoong) Y.W. Law

【科　　属】木兰科拟单性木兰属

【形态特征】常绿乔木，高达 30 m。当年生枝
绿色。叶片厚革质，椭圆形或倒
卵状椭圆形，先端钝尖，基部楔
形，沿叶柄下延，上面深绿色，
具光泽，中脉在两面突起。花杂
性，雄花与两性花异株；雄花花
被片 9~14，倒卵状长圆形，外
轮 3 或 4 枚浅黄色，内 2 或 3 轮

乳白色，雄蕊 30~70，花丝及药隔紫红色；两性花花被片与雄花同形而较小，雄
蕊 10~35，雌蕊群被包围在雄蕊群内，心皮 10~20。聚合果长椭球形。外种皮鲜
红色。花期 4—5 月，果期 10—11 月。

【生　　境】生于海拔 600~1 200 m 的山坡、沟谷常绿阔叶林中。

【分　　布】缙云、遂昌、松阳、龙泉、庆元、景宁。

国家重点	省重点	中国红色名录	IUCN 红色名录	CITES 附录
		VU	NE	

浙江樟　浙江桂

Cinnamomum chekiangense Nakai

【科　　属】 **樟科樟属**

【形态特征】 常绿乔木，高达 15 m。树皮平滑至近圆块片状剥落，有芳香及辛辣味；小枝绿色至暗绿色。叶近对生，排成 2 列；叶片薄革质，长椭圆形至狭卵形，先端长渐尖至尾尖，基部楔形，基出三出脉或离基三出脉，侧脉在两面隆起，网脉不明显，叶背无毛。花序常具 3~5 花；花黄绿色；花被裂片长椭圆形，两面均被毛。果卵形、长卵形或倒卵形，蓝黑色，微被白粉；果托碗状，边缘常具 6 圆齿。花期 4—5 月，果期 10—11 月。

【生　　境】 生于海拔 800 m 以下的山坡、沟谷阔叶林中。

【分　　布】 莲都、缙云、遂昌、松阳、龙泉、庆元、景宁。

国家重点	省重点	中国红色名录	IUCN 红色名录	CITES 附录
II 级		VU	NT	

闽楠

Phoebe bournei (Hemsl.) Yen C. Yang

【科　　属】樟科楠属

【形态特征】常绿乔木，高达 25 m。树皮粗糙至不规则浅纵裂；小枝被疏毛。叶片革质，披针形或倒披针形，先端渐尖至长渐尖，基部渐狭或楔形，上面深绿色，有光泽，下面稍淡，被短柔毛，每边具侧脉 10~14，在下面隆起，横脉及小脉在下面结成小网格状。花序分枝紧密而不开展，腋生于新枝中下部；花被裂片卵形，小。果椭球形，成熟时呈蓝黑色，微被白粉，宿存花被裂片紧贴果实基部，两面被毛。种子两侧对称。花期 4 月，果期 10—11 月。

【生　　境】生于海拔 1 000 m 以下的常绿阔叶林中。

【分　　布】莲都、青田、遂昌、松阳、龙泉、庆元、景宁。

国家重点	省重点	中国红色名录	IUCN 红色名录	CITES 附录
Ⅱ级		VU	VU	

浙江楠

Phoebe chekiangensis C.B. Shang

【科　　属】樟科楠属

【形态特征】常绿乔木，高达 20 m。树皮呈不规则薄片状剥落；小枝密被黄褐色至灰黑色毛。叶片革质，倒卵状椭圆形至倒卵状披针形，先端突渐尖至长渐尖，基部楔形至近圆形，边缘常明显反卷，侧脉每边 8~10，网脉在下面明显；叶柄密被黄褐色毛。花序腋生，密被黄褐色绒毛；花被裂片卵形，小，两面被毛。果卵状椭球形，成熟时呈蓝黑色，外被白粉，宿存花被裂片革质，紧贴果实基部。种子两侧不对称。花期 4—5 月，果期 9—10 月。

【生　　境】生于低山丘陵常绿阔叶林中。

【分　　布】莲都、松阳、龙泉、庆元、景宁。

国家重点	省重点	中国红色名录	IUCN 红色名录	CITES 附录
Ⅱ级		NT	EN	

钟萼木　伯乐树

Bretschneidera sinensis Hemsl.

【科　　属】钟萼木科钟萼木属

【形态特征】落叶乔木，高可达 25 m。小枝粗壮，具狭条状淡褐色皮孔。奇数羽状复叶互生，长可达 60 cm；小叶片 7~15，对生，全缘，纸质或薄革质，长圆形、椭圆形、狭卵形、卵状披针形或狭倒卵形，两侧不对称，先端渐尖，基部常楔形，偏斜，侧脉 8~15 对。

总状花序顶生；花瓣粉红色或白色，内面有红色纵条纹。蒴果木质，椭球形或近球形，三棱状，被棕褐色柔毛；果 3 瓣开裂，果瓣厚。种子椭球形，橙红色。花期 4—5 月，果期 9—10 月。

【生　　境】生于海拔 300~1 500 m 的山地阔叶林中及林缘。

【分　　布】莲都、青田、遂昌、松阳、云和、龙泉、庆元、景宁。

国家重点	省重点	中国红色名录	IUCN 红色名录	CITES 附录
II 级		LC	NE	

蛛网萼

Platycrater arguta Siebold et Zucc.

【科　　属】绣球花科蛛网萼属

【形态特征】落叶灌木。小枝灰褐色。树皮薄
片状脱落。叶片膜质至纸质，长
圆形、椭圆形至椭圆状披针形，
先端尾状渐尖，基部楔形，边缘
具疏锯齿，上面散生短伏毛，下
面沿脉常有疏毛。伞房花序具
6~10 花；不孕花少数，萼片膜
质，半透明，绿黄色，盾状，3
或 4 钝圆形浅裂，具小突尖，有密集网状凸脉；孕性花萼片三角形，先端渐尖，
子房近陀螺形。蒴果倒卵形，干时常带紫红色，顶端孔裂。种子暗褐色，扁椭圆
形。花果期 4—11 月。

【生　　境】生于海拔 300~700 m 的山地林下、溪沟边岩石上等阴湿处。

【分　　布】遂昌、云和、龙泉、庆元、景宁。

国家重点	省重点	中国红色名录	IUCN 红色名录	CITES 附录
	√	LC	LC	

蕈树　阿丁枫

Altingia chinensis (Champ.) Oliv. ex Hance

【科　　属】金缕梅科蕈树属

【形态特征】常绿乔木，高达 15 m。树皮呈片状剥落；芽有多数暗褐色鳞片。叶片倒卵状长圆形，先端短急尖，基部楔形，边缘有钝锯齿，两面无毛，侧脉 7 或 8 对；叶柄长约 1 cm。雄花排成短穗状花序，常多个再排成圆锥状；雌花 15~26 朵排成头状花序，单生或再组成圆锥花序，萼筒与子房合生，萼齿乳突状，花柱 2，先端外弯，有柔毛。果序近球形，基底平截。种子多数，褐色，有光泽。花期 3—6月，果期 7—9 月。

【生　　境】生于海拔 350~700 m 的山坡、沟谷阔叶林中或路边。

【分　　布】龙泉、庆元。

国家重点	省重点	中国红色名录	IUCN 红色名录	CITES 附录
II 级		EN	NE	

长柄双花木

Disanthus cercidifolius Maxim. subsp. *longipes* (Hung T. Chang) K.Y. Pan

【科　　属】金缕梅科双花木属

【形态特征】落叶灌木，高达 4 m。小枝灰褐色，有细小皮孔。叶互生；叶片宽卵形至扁圆形，宽大于长，长 3~6 cm，先端钝或近圆形，基部心形，两面无毛，全缘，掌状脉 5 或 7；托叶条形，早落。头状花序腋生，在花序梗顶端靠背着生 2 花；花瓣红色，狭披针形，长约 7 mm。蒴果倒卵形，先端近平截，上半部 2 瓣开裂；果序梗长 1.5~3 cm。花期 10—11 月，果期翌年 9—10 月。

【生　　境】生于海拔 500~1 250 m 的沟谷林下或灌丛中。

【分　　布】龙泉。

国家重点	省重点	中国红色名录	IUCN 红色名录	CITES 附录
II级		CR	NE	

政和杏

Armeniaca zhengheensis J.Y. Zhang et M.N. Lu

【科　　属】蔷薇科杏属

【形态特征】落叶高大乔木，高 35~40 m。树皮开裂，当年生枝红褐色，具皮孔。叶片长椭圆形至长圆形，基部截形，先端渐尖至长尾尖，边缘具不规则细小锯齿，齿尖具腺体，下面密被灰白色长柔毛；叶柄红色，中上部具腺体。花单生，先于叶开放；萼片紫红色，花后反折；花瓣白色。核果卵圆形，黄色；果肉多汁，味甜；果核长椭圆形，表面浅网状纹。种仁扁椭圆形，饱满，味苦。花期 3—4 月，果期 6—7 月。

【生　　境】生于海拔 700~1 000 m 的沟谷阔叶林中。

【分　　布】庆元。

国家重点	省重点	中国红色名录	IUCN 红色名录	CITES 附录
	√	LC	NE	

龙须藤 相思藤

Bauhinia championii (Benth.) Benth.

【科　　属】豆科羊蹄甲属

【形态特征】常绿藤本。小枝、叶背、花序均被锈
色短柔毛；卷须不分枝，单生或对
生。叶片卵形、长卵形或卵状椭圆
形，先端 2 裂达叶片的 1/2 至浅裂、
微裂，有时不裂，裂片先端渐尖，基
部心形至圆形，掌状脉 5 或 7。总状
花序与叶对生，具花多达 50 朵以上；
花萼钟状，5 裂；花瓣白色；能育雄
蕊 3，退化雄蕊 2。荚果厚革质，椭圆状倒披针形或带状，扁平，具 2~6 种子。
种子扁圆形。花期 8—10 月，果期 10—12 月。

【生　　境】生于海拔 800 m 以下的沟谷、山坡岩石边、林缘或疏林中。

【分　　布】云和、景宁、青田。

国家重点	省重点	中国红色名录	IUCN 红色名录	CITES 附录
		EN	LC	

南岭黄檀　秧青

Dalbergia assamica Benth.

【科　　属】豆科黄檀属

【形态特征】落叶乔木，高达 15 m。树皮纵纹至条片状开裂。奇数羽状复叶，常在枝条上排成 2 列，有 13~21 小叶；托叶较大，早落；小叶片长圆形或倒卵状长圆形，先端钝圆，常微凹，基部圆形或宽楔形。圆锥花序腋生，短于复叶，长 5~10 cm，密被锈褐色柔毛；花较小；花萼钟形，萼齿 5；花冠白色；雄蕊 10（5+5）；子房密被锈色柔毛。荚果椭圆形，扁平，具 1 或 2 种子。花期 6 月，果期 10—11 月。

【生　　境】生于山坡、沟谷阔叶林中。

【分　　布】莲都、松阳、龙泉、庆元、景宁。

国家重点	省重点	中国红色名录	IUCN 红色名录	CITES 附录
		LC	NE	附录 II

藤黄檀
Dalbergia hancei Benth.

【科　　属】豆科黄檀属

【形态特征】落叶藤本。小枝有时弯曲成钩状或螺
旋状。奇数羽状复叶，有 9~13 小叶；
托叶早落；小叶片长圆形或倒卵状长
圆形，先端微凹，基部圆形或宽楔形，
下面疏被平伏柔毛。圆锥花序腋生；
花序梗及花梗密被锈色短柔毛；花
小；花萼钟状，5 齿裂；花冠绿白色，
旗瓣近圆形，近于反折，翼瓣和龙骨
瓣镰状长圆形；雄蕊 9，单体，有时 10（9+1）。荚果舌状，扁平，无毛，具 1~3
（4）种子。种子肾形，扁平。花期 3—4 月，果期 7—8 月。

【生　　境】生于山坡上、溪边、岩石旁、林缘灌丛中或疏林中。

【分　　布】莲都、青田、遂昌、松阳、云和、龙泉、庆元、景宁。

国家重点	省重点	中国红色名录	IUCN 红色名录	CITES 附录
		NT	NE	附录 II

黄檀

Dalbergia hupeana Hance

【科　　属】**豆科黄檀属**

【形态特征】落叶乔木，高达 18 m。树皮条片状纵裂。当年生小枝绿色，皮孔明显。奇数羽状复叶有 9 或 11 小叶；小叶片长圆形或宽椭圆形，先端圆钝而微凹，基部圆形或宽楔形，两面被平伏短柔毛。圆锥花序顶生或生于近枝顶叶腋；花梗及花萼被锈色柔毛；萼齿 5；花冠淡紫色或黄白色，具紫色条斑；雄蕊 10，二体（5+5），花丝上部分离。荚果长圆形，扁平，不开裂，具 1~3 种子。种子扁平，黑色，有光泽。花期 5—6 月，果期 8—9 月。

【生　　境】常生于山坡上、溪沟边、路旁、林缘或疏林中。

【分　　布】莲都、青田、缙云、遂昌、松阳、云和、龙泉、庆元、景宁。

国家重点	省重点	中国红色名录	IUCN 红色名录	CITES 附录
		LC	NE	附录 II

香港黄檀

Dalbergia millettii Benth.

【科　　属】豆科黄檀属

【形态特征】落叶藤本。小枝常弯曲成钩状。奇数羽状复叶，小叶 25~35；小叶片长圆形，两端圆形至平截，先端有时微凹，两面均无毛。圆锥花序腋生；花小；花萼钟状，5 齿裂；花冠白色，旗瓣倒卵状圆形，先端微缺，翼瓣长圆形，龙骨瓣斜长圆形，先端圆钝；雄蕊 9，单体；子房具柄。荚果狭长圆形，全体有网纹，通常具 1 种子，稀 2 或 3。花期 6—7 月，果期 8—9 月。

【生　　境】生于山坡上、路边、溪沟边林中或灌丛中。

【分　　布】莲都、青田、缙云、遂昌、松阳、云和、龙泉、庆元、景宁。

国家重点	省重点	中国红色名录	IUCN 红色名录	CITES 附录
	√	LC	NE	

中南鱼藤

Derris fordii Oliv.

【科　　属】豆科鱼藤属
【形态特征】常绿木质藤本。小叶 5 或 7，椭圆形或卵状长圆形，先端短尾尖或尾尖，钝头，基部圆形，两面无毛，侧脉 6 或 7 对；小叶柄长 4~6 mm。圆锥花序腋生；花序梗及花梗均有棕色短硬毛；花冠白色，旗瓣有短柄，翼瓣一侧有耳，龙骨瓣与翼瓣近等长，基部有尖耳；雄蕊 10，单体。荚果长圆形，扁平，腹缝翅宽 2~3 mm，背缝翅宽不及 1 mm，具 1~2 种子。种子浅灰色。花期 6 月，果期 11—12 月。
【生　　境】生于低山丘陵、山溪边的灌丛中或疏林下。
【分　　布】莲都、青田、缙云、遂昌、松阳、云和、龙泉、庆元。

国家重点	省重点	中国红色名录	IUCN 红色名录	CITES 附录
II 级		VU	NE	

山豆根　胡豆莲　三叶山豆根

Euchresta japonica Hook. f. ex Regel

【科　　属】豆科山豆根属

【形态特征】常绿小灌木，高 30~90 cm。茎基部匍匐，生
不定根；幼枝、叶柄、小叶下面、花序及花
梗均被淡褐色短毛。羽状三出复叶；小叶软
革质，有光泽，倒卵状椭圆形或椭圆形，先端
圆钝，基部宽楔形或近圆形。总状花序与叶对
生；花冠白色，旗瓣先端微凹，具瓣柄；雄
蕊与花瓣等长；子房具柄，花柱细长。荚果肉
质，椭球形，成熟时呈黑色，具 1 种子。花期
5—7 月，果期 9—11 月。

【生　　境】生于海拔 700~1 200 m 的阴湿山沟边、山坡常绿阔叶林下。

【分　　布】莲都、遂昌、松阳、庆元、景宁。

国家重点	省重点	中国红色名录	IUCN 红色名录	CITES 附录
II 级		LC	NE	

野大豆

Glycine soja Siebold et Zucc.

【科　　属】豆科大豆属

【形态特征】一年生草质藤本。茎缠绕，密被棕黄色倒向伏贴长硬毛。羽状三出复叶；托叶宽披针形，被黄色硬毛；顶生小叶片卵形至条形，先端急尖，基部圆形，两面密被伏毛；侧生小叶片较小，基部偏斜。总状花序腋生；花小；花冠淡紫色，稀白色，旗瓣近圆形，翼瓣倒卵状长椭圆形，龙骨瓣较短，基部一侧有耳。荚果条形，扁平，密被棕褐色长硬毛，2 瓣开裂，具 2~4 种子。种子黑色，椭圆形或肾形。花期 6—8 月，果期 9—10 月。

【生　　境】生于向阳山坡灌丛中或林缘、湖边、溪岸、路边、田边及抛荒地中。

【分　　布】莲都、青田、缙云、遂昌、松阳、云和、龙泉、庆元、景宁。

国家重点	省重点	中国红色名录	IUCN 红色名录	CITES 附录
II 级		EN	NT	

红豆树

Ormosia hosiei Hemsl. et E.H. Wilson

【科　　属】豆科红豆属

【形态特征】常绿乔木，高达 20~30 m。树皮幼时
绿色，老时灰色。小叶 5~9，叶柄及
小叶柄近无毛；小叶长卵形至长圆
状倒披针形，先端急尖或短渐尖，基
部楔形或圆钝，两面无毛，上面有光
泽。圆锥花序顶生或腋生；花冠白色
或淡红色；雄蕊 10，分离。荚果暗

褐色，木质，顶端喙状，具 1 或 2 种子，种子间无横隔。种子鲜红色，有光泽，
扁球形，种脐长 8~9 mm。花期 4—6 月，果期 9—11 月。

【生　　境】常生于海拔 300~800 m 的山坡、沟谷常绿阔叶林中或林缘。

【分　　布】云和、龙泉、庆元。

国家重点	省重点	中国红色名录	IUCN 红色名录	CITES 附录
Ⅱ级		VU	LC	

花榈木　毛叶红豆

Ormosia henryi Prain

【科　　属】豆科红豆属

【形态特征】常绿乔木，高达 16 m。树皮青灰
色。幼枝、叶轴、小叶柄、叶背
及花序均密被灰黄色绒毛。小叶
5~9；小叶革质，椭圆形至长椭圆
状卵形，先端急尖或短渐尖，基
部圆或宽楔形。圆锥花序顶生或
腋生；花冠黄白色，旗瓣有瓣柄；
雄蕊 10，分离，伸出。荚果木质，狭长圆形，具 2~7 种子，种子间横隔明显。
种子鲜红色，稍扁的椭球形，种脐长约 3 mm。花期 6—8 月，果期 10—11 月。

【生　　境】生于海拔 700 m 以下的山谷、山坡林下或林缘。

【分　　布】莲都、青田、缙云、遂昌、松阳、云和、龙泉、庆元、景宁。

国家重点	省重点	中国红色名录	IUCN 红色名录	CITES 附录
	√	LC	NE	

贼小豆　山绿豆

Vigna minima (Roxb.) Ohwi et H. Ohashi

【科　　属】豆科豇豆属

【形态特征】一年生缠绕性草质藤本。羽状三出复叶；托叶盾状着生，披针形；顶生小叶形状变化较大，先端急尖或稍钝，有时具缺裂或波状，基部圆形或宽楔形；侧生小叶基部常偏斜。总状花序腋生，花序梗较叶柄长；花冠黄色，旗瓣宽卵形，有耳及短瓣柄，翼瓣斜卵状长圆形，具耳及细瓣柄，龙骨瓣淡黄色或绿色，先端卷曲，具长距状附属体及细瓣柄。荚果短圆柱形，具 10 余粒种子。种子红褐色或深灰色，椭球形。花期 8—10 月，果期 10—11 月。

【生　　境】生于山坡、溪边、路旁草丛中。

【分　　布】莲都、龙泉、庆元、景宁。

国家重点	省重点	中国红色名录	IUCN 红色名录	CITES 附录
	√	LC	NE	

野豇豆

Vigna vexillata (L.) A. Rich

【科　　属】**豆科豇豆属**

【形态特征】多年生缠绕性草质藤本。主根肉质，外皮橙黄色。羽状三出复叶；托叶基部着生；顶生小叶变异大，宽卵形、菱状卵形至披针形，先端急尖至渐尖，基部圆形或近截形，两面被淡黄色糙毛；侧生小叶基部常偏斜。花 2~4 朵着生于花序上部；花冠紫红色至紫褐色，旗瓣先端微凹，有短瓣柄，翼瓣基部一侧有耳，龙骨瓣有短距状附属体及瓣柄。荚果圆柱形，被粗毛，顶端具喙。种子黑色，椭球形或近方形，有光泽。花期 8—9 月，果期 10—11 月。

【生　　境】生于山坡林缘、路边草丛中。

【分　　布】莲都、青田、缙云、遂昌、松阳、云和、龙泉、庆元、景宁。

国家重点	省重点	中国红色名录	IUCN 红色名录	CITES 附录
II级		LC	NE	

山橘

Fortunella hindsii (Champ. ex Benth.) Swingle

【科　　属】芸香科柑橘属

【形态特征】常绿灌木。植株无毛。枝具长约 2 cm 的枝刺。单身复叶，稀兼有少数单叶，互生；叶片卵状椭圆形，先端圆钝，基部圆或宽楔形，全缘或具不明显细圆齿；翼叶不明显。花单生或少数簇生于叶腋；花小；花瓣白色；雄蕊约 20，花丝合生成 4 或 5 束。果圆球形或稍呈扁球形，直径 0.8~1 cm，果皮成熟时呈橙黄色或朱红色，极薄；瓤囊 3 或 4 瓣，果肉味酸。种子 3 或 4，宽卵球形，平滑，无脊棱。花期 5—6 月，果期 11 月至翌年 3 月。

【生　　境】生于海拔 100~600 m 的山坡林下、林缘或岩缝中。

【分　　布】缙云、松阳、云和、龙泉、景宁。

国家重点	省重点	中国红色名录	IUCN 红色名录	CITES 附录
II 级		VU	NE	

金豆

Fortunella venosa (Champ. ex Benth.) C.C. Huang

【科　　属】芸香科柑橘属

【形态特征】常绿灌木。枝刺常不逾 2 cm。单叶互生；叶片椭圆形，顶端圆或钝，基部楔形，全缘，中脉在上面稍隆起。单花腋生，常位于叶柄与枝刺之间；花萼 5，淡绿色；花瓣 5，白色；雄蕊为花瓣数的 2~3 倍，花丝合生成筒状，花柱短，柱头不增粗。果圆球形或椭球形，直径 6~8 mm，果顶稍浑圆，有短突柱，果皮橙红色，极薄，无苦酸味；瓤囊 2 或 3 瓣，果肉味酸。种子 2~4，宽卵球形，平滑无棱。花期 4—5 月，果期 10 月至翌年 3 月。

【生　　境】生于松林、阔叶林下或岩缝中。

【分　　布】青田。

国家重点	省重点	中国红色名录	IUCN 红色名录	CITES 附录
		VU	NE	

红花香椿

Toona fargesii A. Chev.

【科　　属】楝科香椿属

【形态特征】落叶乔木，高可达 30 m。树皮有纵裂缝；小枝有线纹和皮孔。偶数或奇数羽状复叶，连叶柄长 35~40 cm；小叶 8 或 9 对，对生或近对生；小叶片纸质，卵状长圆形至卵状披针形，先端尾状渐尖，基部歪斜，全缘或波状，在下面脉腋有簇毛。圆锥花序顶生，长达 60 cm 或更长，下垂；萼片 5，黄绿色；花瓣 5，红褐色至紫黑色，覆瓦状排列。蒴果长椭球形，下垂，棕色，干后变黑色，密生苍白色粗大皮孔。种子两端具翅。花期 6—7 月，果期 9—12 月。

【生　　境】生于沟谷林中。

【分　　布】莲都、遂昌、松阳、龙泉、庆元、景宁。

国家重点	省重点	中国红色名录	IUCN 红色名录	CITES 附录
	√	NE	NE	

东方野扇花

Sarcococca orientalis C.Y. Wu ex M. Cheng

【科　　属】黄杨科野扇花属

【形态特征】常绿灌木，高 0.5~2 m。叶片薄革质，长圆状披针形或长圆状倒披针形，先端渐尖，基部楔形或宽楔形，基生三出脉；叶柄长 5~8 mm。花序近头状，上部为雄花；雄花无花梗；雌花连柄长 3~5 mm，小苞片卵形。果多卵球形，成熟时呈黑色，直径约 7 mm，宿存花柱长约为果实的 1/5，直立，先端稍外曲。花期 11 月至翌年 3 月，果期翌年 12 月至第三年 3 月。

【生　　境】生于海拔 250~800 m 的山坡林下、林缘灌丛中。

【分　　布】莲都、青田、缙云、云和、龙泉、庆元、景宁。

国家重点	省重点	中国红色名录	IUCN 红色名录	CITES 附录
		EN	EN	

温州冬青

Ilex wenchowensis S.Y. Hu

【科　　属】冬青科冬青属

【形态特征】常绿小灌木，高 1~2 m。叶片革质，卵形至卵
状披针形，长 3~7 cm，先端渐尖，具刺，基
部截形或圆形，每边具 2~7 宽大刺齿，齿端外
展，顶刺有时稍反折，叶片两面无毛，中脉在
上面凹陷，在下面隆起，侧脉 4 或 5 对；叶柄
长 1~2 mm，常呈紫黑色。花序簇生；花淡黄
绿色；花瓣长圆形，雄蕊与花瓣等长。果近球
形，直径 8 mm，成熟时呈红色；分核 4，近球
形，侧面具网状条纹和沟。花期 4—5 月，果期 9—12 月。

【生　　境】生于海拔 250~1 500 m 的山坡、沟谷阔叶林中及毛竹林下或灌丛中。

【分　　布】缙云、遂昌、龙泉、庆元、景宁、云和。

国家重点	省重点	中国红色名录	IUCN 红色名录	CITES 附录
		VU	NT	

稀花槭

Acer pauciflorum Fang

【科　　属】槭树科槭属

【形态特征】落叶灌木。树皮淡黄褐色；一年生小枝连同叶柄初时被短柔毛，后渐稀疏。单叶；叶片近圆形，基部心形或近心形，掌状 5 裂，先端钝尖，边缘具锐尖锯齿，上面无毛，下面初时被平伏长柔毛，后渐脱落；叶柄长 1~1.5 cm。伞房花序顶生，具 5~10 花；花与叶同时开放；萼片 5，红紫色；花瓣粉红色，内卷而短于萼片。翅果嫩时呈淡紫色，成熟后呈淡黄色，小坚果疏被长柔毛或无毛，两翅张开成直角。花期 4 月，果期 9 月。

【生　　境】生于海拔 250~800 m 的疏林中。

【分　　布】缙云。

国家重点	省重点	中国红色名录	IUCN 红色名录	CITES 附录
		VU	NE	

毛鸡爪槭

Acer pubipalmatum Fang

【科　　属】槭树科槭属

【形态特征】落叶乔木。一年生小枝被宿存的白色绒毛。单叶；叶片近圆形，长 4~5.5 cm，基部截形或近心形，通常掌状 5~7 深裂，先端锐尖，边缘具锐尖重锯齿；叶柄长 2~4 cm。伞房花序顶生，常具 5~10 花；花紫色，杂性，雄花与两性花同株，5 数，与叶同时开放；萼片红紫色；花瓣淡黄色；子房密被白色长柔毛。翅果长 1.6~2 cm，黄褐色，小坚果突起，近球形，两翅张开成钝角。花期 4 月，果期 10 月。

【生　　境】生于海拔 750~1 000 m 的山坡、沟谷较湿润的落叶阔叶林中。

【分　　布】莲都。

国家重点	省重点	中国红色名录	IUCN 红色名录	CITES 附录
	√	LC	LC	

天目槭

Acer sinopurpurascens Cheng

【科　　属】槭树科槭属

【形态特征】落叶乔木。一年生枝紫褐色，多年生枝具皮
孔。单叶；叶片纸质，近圆形，长 5~9 cm，
基部心形或近心形，掌状 3 或 5 裂，先端锐
尖，裂片边缘具疏钝齿；叶柄长 2~8 cm。总
状花序或伞房式总状花序侧生于二年生小枝
上；花紫色，单性，雌雄异株，先于叶开放；
萼片 5；子房有短柔毛。翅果长 3~3.5 cm，
黄褐色，具特别隆起的脊，脉纹显著，有短
柔毛，两翅张开成锐角至近直角。花期 4 月，果期 10 月。

【生　　境】生于海拔 900~1 400 m 的山坡混交林中。

【分　　布】缙云、景宁。

国家重点	省重点	中国红色名录	IUCN 红色名录	CITES 附录
	√	LC	NE	

三叶崖爬藤　三叶青　金线吊葫芦

Tetrastigma hemsleyanum Diels et Gilg

【科　　属】葡萄科崖爬藤属

【形态特征】多年生常绿草质藤本。块根卵球形或椭球形；茎下部节上生根；卷须不分枝。掌状 3 小叶；中央小叶片稍大，侧生小叶片基部不对称，边缘疏生具腺头的小锯齿或齿突，侧脉 5 或 6 对。聚伞花序腋生或假顶生，花序梗短于叶柄，被短柔毛，下部有节，节上有苞片，或假顶生而基部无节和苞片；花梗有短硬毛；花瓣无毛，先端有小角。浆果近球形，直径约 6 mm。种子 1，倒卵状椭球形。花期 4—5 月，果期 10—11 月。

【生　　境】生于海拔 1 300 m 以下的山坡、沟谷溪边林下、灌丛中和乱石堆石缝中。

【分　　布】莲都、青田、缙云、遂昌、松阳、云和、龙泉、庆元、景宁。

国家重点	省重点	中国红色名录	IUCN 红色名录	CITES 附录
		EN	NE	

温州葡萄

Vitis wenchowensis C. Ling ex W.T. Wang

【科　　属】葡萄科葡萄属

【形态特征】木质藤本。小枝纤细，有纵棱；卷须不
分枝。叶片薄革质，三角状戟形或三角
状长卵形，下部3（5）浅裂至深裂或
不分裂，裂缺呈锐角至钝角，先端长渐
尖，基部深心形，基缺凹成锐角，边缘
具粗牙齿，有短缘毛，上面亮绿色，沿
脉被极短糙伏毛，下面紫红色或淡紫红
色，无毛，具白粉，基出脉5，侧脉4或5对。圆锥花序下部有分枝，花序梗无
毛。浆果近球形，成熟时呈黑色，直径约8 mm。花期5—6月，果期9—10月。

【生　　境】生于山坡路边灌丛中、沟谷溪边常绿阔叶林中。

【分　　布】莲都、青田、松阳、云和、景宁。

国家重点	省重点	中国红色名录	IUCN 红色名录	CITES 附录
II 级		LC	NE	

浙江蘡薁

Vitis zhejiang-adstricta P.L. Chiu

【科　　属】葡萄科葡萄属

【形态特征】落叶藤本。小枝纤细，具细纵棱，仅嫩时被蛛丝状毛；卷须 2 分枝。叶片纸质，卵形或五角状卵圆形，长 3~6 cm，先端急尖或短渐尖，基部心形，3~5 浅裂至深裂，常混有不裂叶，边缘锯齿较钝，两面除沿主脉被小硬毛外，余疏生极短柔毛，下面淡绿色，基出脉 5，侧脉 3~5 对，常带紫色；叶柄长 2~4 cm，疏被短柔毛，常带紫色。果序圆锥状，无毛或近无毛，果序梗无毛；浆果球形，直径 6~8 mm。花期 6 月，果期 8 月。

【生　　境】生于海拔 700 m 以下的山谷溪边。

【分　　布】莲都、青田、遂昌、松阳、云和、景宁。

国家重点	省重点	中国红色名录	IUCN 红色名录	CITES 附录
Ⅱ级		LC	NE	

软枣猕猴桃

Actinidia arguta (Siebold et Zucc.) Planch. ex Miq.

【科　　属】 猕猴桃科猕猴桃属

【形态特征】 落叶藤本。小枝幼时被毛；髓片层状。叶片纸质，宽卵形至长圆状卵形，先端具短尖头，基部圆形、楔形或心形，有时歪斜，侧脉 6 或 7 对，边缘具细密锐齿，齿 尖不内弯，下面无白粉，仅脉腋具髯毛；叶柄常紫红色。聚伞花序具 1~7 花；萼片具缘毛；花瓣通常 5，绿白色，倒卵圆形，芳香；花药暗紫色；子房瓶状球形，无毛。果多圆柱形，暗紫色，长 2~3 cm，无毛。花期 5 月下旬至 6 月，果期 8—10 月。

【生　　境】 生于海拔 600~1 500 m 的山坡疏林中或林缘。

【分　　布】 莲都、青田、遂昌、龙泉、庆元、景宁。

国家重点	省重点	中国红色名录	IUCN 红色名录	CITES 附录
II 级		LC	NE	

中华猕猴桃 藤梨

Actinidia chinensis Planch.

【科　　属】猕猴桃科猕猴桃属

【形态特征】落叶藤本。小枝幼时密被短绒毛或锈褐色长刺毛；髓白色，片层状。叶片厚纸质，宽卵形至近圆形，先端突尖、微凹或平截，侧脉 5~8 对，下面密被较长的灰白色或淡棕色星状绒毛，网脉显著隆起；叶柄密被锈色柔毛。聚伞花序一回分歧，雄花序通常具 3 花，雌花多单生；花序梗连同苞片、萼片均被绒毛；萼片通常 5；花瓣白色，后变为淡黄色，清香；花药黄色。果球形、卵状球形或圆柱形，黄褐色，具斑点。花期 5 月，果期 8—9 月。

【生　　境】生于海拔 1 450 m 以下的山坡、沟谷林中、林缘，常攀附于树冠、岩石上，亦常见栽培。

【分　　布】莲都、青田、缙云、遂昌、松阳、云和、龙泉、庆元、景宁。

国家重点	省重点	中国红色名录	IUCN 红色名录	CITES 附录
		VU	NE	

长叶猕猴桃 粗齿猕猴桃

Actinidia hemsleyana Dunn

【科　　属】猕猴桃科猕猴桃属

【形态特征】落叶藤本。小枝连同叶柄、叶背中脉常具长硬毛或刚毛；髓褐色，片层状。叶片厚纸质，卵状长圆形至倒卵状长圆形，先端短尖或钝，基部楔形至圆形，侧脉 8 或 9 对，下面粉绿色；叶柄长 1~4 cm。花序具 1~3 花；花序梗、花梗、苞片及萼片均密被黄褐色短绒毛；萼片 5；花瓣 5，淡红色、淡紫色或暗紫色；花药暗紫色。果常圆柱形，密被黄褐色长茸毛，具疣状斑点，宿萼反折。花期 5 月下旬至 6 月，果期 7—9 月。

【生　　境】生于海拔 300~1 250 m 的沟谷溪边、山坡林缘，多攀附于树冠、岩石上。

【分　　布】莲都、青田、遂昌、松阳、云和、龙泉、庆元、景宁。

国家重点	省重点	中国红色名录	IUCN 红色名录	CITES 附录
		VU	NE	

小叶猕猴桃　绳梨

Actinidia lanceolata Dunn

【科　　属】猕猴桃科猕猴桃属

【形态特征】落叶藤本。小枝及叶柄密生锈褐色短绒毛，老枝无毛；髓褐色，片层状。叶片纸质，卵状椭圆形至倒披针形，先端短尖至渐尖，基部楔形至圆钝，侧脉 5 或 6 对，上面几无毛，下面密被极短的灰白色或褐色星状毛，网脉显著隆起。聚伞花序具 3~7 花；花序梗连同苞片、花萼均密被锈褐色绒毛；萼片 3 或 4，卵形或长圆形；花瓣 5，淡绿色或绿白色；花药黄绿色。果卵球形，浅褐色斑点显著，宿萼反折。花期 5—6 月，果期 10—11 月。

【生　　境】生于海拔 200~700 m 的山坡路边、沟谷疏林下、灌丛中或林缘，常攀附于树冠、岩石上。

【分　　布】莲都、青田、缙云、遂昌、松阳、云和、龙泉、庆元、景宁。

国家重点	省重点	中国红色名录	IUCN 红色名录	CITES 附录
		VU	NE	

安息香猕猴桃

Actinidia styracifolia C.F. Liang

【科　　属】猕猴桃科猕猴桃属

【形态特征】落叶藤本。幼枝密被黄褐色短绒毛，老枝脱净；髓白色，片层状。叶片厚纸质，椭圆状卵形或倒卵形，先端急尖至短渐尖，基部宽楔形，侧脉约 7 对，下面密被极短的灰白色星状绒毛，网脉显著隆起；叶柄长 1.2~2 cm。聚伞花序二回分歧，具 5~7 花；花序梗连同苞片、萼片均密被黄褐色短绒毛；萼片 2 或 3，宿存；花瓣 5 或 6，粉红色，长圆形或倒披针形；花药黄色。果实圆柱形或近球形，密被绒毛。花期 7 月，果期 11 月。

【生　　境】生于海拔 800 m 以下的沟谷林缘、山坡路边灌丛中。

【分　　布】莲都、青田、缙云、遂昌、松阳、云和、龙泉、庆元、景宁。

国家重点	省重点	中国红色名录	IUCN 红色名录	CITES 附录
		CR	NE	

浙江猕猴桃

Actinidia zhejiangensis C.F. Liang

【科　　属】猕猴桃科猕猴桃属

【形态特征】落叶藤本。小枝密被脱落性黄褐色绒毛；髓白色或褐色，片层状。叶片厚纸质，卵状椭圆形至长椭圆形，长 5~20 cm，先端渐尖或短渐尖，基部近圆形至浅心形，侧脉约 7 对，下面网脉显著隆起；叶柄长 1~4 cm。聚伞花序，雄花序具 3~7 花，雌花常具 1~3 花；花序梗密被黄褐色绒毛；萼片 4 或 5；花瓣 5，红色或淡红色，倒卵形；花药紫色。果圆柱形，被黄褐色长绒毛，宿萼反折。花期 5 月中旬，果期 9 月下旬。

【生　　境】零星生于海拔 500~900 m 的山坡林缘、路旁灌丛中。

【分　　布】莲都、遂昌、龙泉、庆元、景宁。

国家重点	省重点	中国红色名录	IUCN 红色名录	CITES 附录
	√	LC	NE	

杨桐 红淡比

Cleyera japonica Thunb.

【科　　属】山茶科红淡比属

【形态特征】常绿乔木或灌木，高达 12 m。全株除花外，其余无毛。小枝通常具 2 棱，顶芽显著。叶片革质，通常为椭圆形或倒卵形，长 5~11 cm，基部楔形，上面光亮，中脉隆起，侧脉 6~8（10）对，全缘；叶柄长 0.5~1 cm，粗壮。花 1~3 朵生于叶腋，直径 6 mm；萼片圆形；花瓣 5，白色；花药卵状椭圆形，有透明刺毛；花柱超过雄蕊而与花瓣近等长。浆果球形，黑色，果梗长 1~2 cm。种子多数。花期 6—7 月，果期 9—10 月。

【生　　境】生于海拔 1 200 m 以下的沟谷林中、山坡灌丛中或林缘路旁。

【分　　布】莲都、青田、缙云、遂昌、松阳、云和、龙泉、庆元、景宁。

国家重点	省重点	中国红色名录	IUCN 红色名录	CITES 附录
	√	LC	NE	

尖萼紫茎

Stewartia acutisepala P.L. Chiu et G.R. Zhong

【科　　属】 山茶科紫茎属

【形态特征】 落叶乔木，高达 15 m。树皮红褐色，外皮膜纸质剥落。叶片卵形至长卵状椭圆形，长 5~8 cm，先端渐尖至长渐尖，基部楔形或宽楔形，边缘具锯齿或浅圆锯齿；叶柄长 4~8 mm。花白色，单生，直径 2.5~3 cm；苞片 2；萼片与苞片同形；花瓣长 1~1.4 cm，宽 1~1.3 cm；雄蕊基部合生。蒴果狭卵状圆锥形，具 5棱，顶端具喙，全面被毛。每室种子 2。花期 5—6 月，果期 9—10 月。

【生　　境】 生于海拔 700~1 650 m 的山坡、沟谷溪边林中。

【分　　布】 莲都、缙云、遂昌、松阳、龙泉、庆元、景宁。

国家重点	省重点	中国红色名录	IUCN 红色名录	CITES 附录
		EN	NE	

亮毛堇菜

Viola lucens W. Becker

【科　　属】堇菜科堇菜属

【形态特征】多年生小草本，高 5~7 cm。植株带紫色，具开展的白色长柔毛。叶基生，莲座状；叶片长圆状卵形或长圆形，长 1~2（3）cm，基部心形或圆形，边缘具圆齿，先端钝；叶柄不等长，纤细；托叶褐色，披针形，边缘具流苏状齿。花梗长 3~4 cm，小苞片 2，位于花梗中部以上；萼片狭披针形，基部附属物短；花淡紫色，直径 1.5~2 cm；距囊状，长约 1.5 mm。蒴果卵球形，长约 0.5 cm，无毛。花期 3—4 月，果期 8—9 月。

【生　　境】生于林缘、溪沟石壁上。

【分　　布】松阳、龙泉、庆元、景宁。

国家重点	省重点	中国红色名录	IUCN 红色名录	CITES 附录
	√	LC	NE	

槭叶秋海棠

Begonia digyna Irmsch.

【科　　属】秋海棠科秋海棠属

【形态特征】多年生草本，高 30~40 cm。根状茎短，横走。茎具 1~3 节，有纵棱，被棕褐色柔毛。叶片卵圆形，两侧极不对称，6~8 浅裂达 1/3，边缘有不整齐浅锯齿，基部偏心形，两面疏生短糙毛；叶柄被棕褐色柔毛。聚伞花序腋生，具 2~4 花；花粉红色；雄花较大，花被片 4，外轮 2 枚圆心形，内轮 2 枚较小，花丝分离；雌花花被片 5，内轮 1 或 2 枚稍小，花柱 3，基部合生，柱头叉裂。蒴果具 3 翅，其中 1 翅较大。花期 7—8 月，果期 8 月开始。

【生　　境】生于海拔 260~470 m 的沟边林下阴湿处或沟谷阴湿石壁上。

【分　　布】龙泉、庆元。

国家重点	省重点	中国红色名录	IUCN 红色名录	CITES 附录
	√	LC	NE	

秋海棠

Begonia grandis Dryand.

【科　　属】秋海棠科秋海棠属

【形态特征】多年生草本，高 0.4~1 m。块茎近球形；地上茎直立，分枝；叶腋间常生珠芽。茎生叶片宽卵形，两侧极不对称，先端短渐尖，基部偏心形，边缘尖波状，具不等大的三角形尖齿，下面叶脉及叶柄均带紫红色，沿脉散生硬毛或近无毛；叶柄长 5~15 cm。聚伞花序腋生；花粉红色；雄花花被片 4，外轮 2 枚圆心形，内轮 2 枚倒心形，花丝下半部合生成雄蕊柱；雌花花被片 3。蒴果具 3 翅，其中 1 翅较大，椭圆状三角形。花期 8—9 月，果期 9—10 月。

【生　　境】生于海拔 100~1 100 m 的山地沟谷、溪边密林石上、潮湿石壁上，也见栽培。

【分　　布】莲都、遂昌、松阳、龙泉、景宁。

国家重点	省重点	中国红色名录	IUCN 红色名录	CITES 附录
II级		DD	LC	

细果野菱

Trapa incisa Siebold et Zucc.

【科　　属】菱科菱属

【形态特征】一年生浮叶草本。茎较细瘦。浮水叶菱形或三角状菱形，先端急尖，基部宽楔形，下部全缘，中上部边缘有三角形齿或锐重锯齿，侧脉 3 或 4 对；叶柄细，长 1~6 cm，疏被褐色柔毛，具气囊。花单生于茎或分枝上部叶腋；花梗细；萼片 4，绿色；花瓣 4，粉红色。果实倒三角形，绿色，高 1~1.5 cm，果冠不明显，具 4 刺状角，肩角斜向上，具倒刺，腰角下倾，无倒刺。花果期 6—10 月。

【生　　境】生于平原或丘陵的池塘、小型湖泊或平缓的小河中。

【分　　布】莲都、青田、缙云、遂昌、松阳、云和、龙泉、庆元、景宁。

国家重点	省重点	中国红色名录	IUCN 红色名录	CITES 附录
		VU	NE	

吴茱萸五加 树三加

Gamblea ciliata Clarke var. *evodiifolia* (Franch.) C.B. Shang, Lowry et Frodin

【科　　属】五加科萸叶五加属

【形态特征】落叶灌木或小乔木。小枝有长枝和短枝之分。掌状复叶具 3 小叶，在长枝上互生，在短枝上簇生；叶柄长 3.5~8 cm；中央小叶片卵形至长椭圆状披针形，先端渐尖，基部楔形，两侧小叶片基部歪斜，侧脉 5~8 对；小叶几无柄。伞形花序常数个组成顶生复伞形花序；花小，花瓣 4，绿色，反曲。果近球形，直径 5~7 mm，黑色，有 2~4 浅棱，宿存花柱。花期 5 月，果期 9 月。

【生　　境】生于海拔 400~1 550 m 的山坡阔叶林中、林缘或山脊、岗地岩缝中。

【分　　布】莲都、青田、缙云、遂昌、松阳、云和、龙泉、庆元、景宁。

国家重点	省重点	中国红色名录	IUCN 红色名录	CITES 附录
	√	LC	LC	

短梗大参

Macropanax rosthornii (Harms) C.Y. Wu ex G. Hoo

【科　　属】 五加科大参属

【形态特征】 常绿灌木或小乔木，高 2~9 m。掌状复叶有 3~5（7）小叶；叶柄长 2~20 cm；叶片倒卵状披针形，先端短渐尖或长渐尖，尖头长 1~3cm，基部楔形，边缘疏生钝齿或锯齿，齿端具小尖头，侧脉 8~10 对，两面明显；小叶柄长 0.3~1 cm。伞形花序组成顶生圆锥花序；伞形花序具 5~10 花，花序梗长 0.8~1.5 cm；花白色，花瓣 5，三角状卵形；雄蕊 5。果实卵球形，长约 5 mm。花期 7—9 月，果期 10—12 月。

【生　　境】 生于海拔 500~1 300 m 的林中、灌丛中和林缘路旁。

【分　　布】 遂昌、松阳。

国家重点	省重点	中国红色名录	IUCN 红色名录	CITES 附录
II 级		NE	NE	

竹节参 竹节人参 大叶三七

Panax japonicus (Nees) C.A. Mey.

【科　　属】五加科人参属

【形态特征】多年生草本，高达 1 m。根状茎横生，竹鞭状，常一年生一节，肉质肥厚；地上茎直立。掌状复叶 3~5 枚轮生于茎顶；叶柄长 5~10 cm；小叶常 5；中央小叶片椭圆形，长 5~15 cm，先端渐尖或急尖，基部楔圆形，有锯齿；小叶柄长 0.2~2 cm。伞形花序单生于茎顶，具 50~80 花；花小，深绿色；花瓣 5，长卵形；花柱中部以下合生，果时外弯。果近球形，成熟时上半部黑色，下半部红色。种子白色，三角状长卵球形。花期 6—8 月，果期 8—10 月。

【生　　境】生于海拔 800~1 400 m 的山谷林下水沟边或阴湿岩石旁、毛竹林下。

【分　　布】莲都、遂昌、龙泉、庆元、景宁。

国家重点	省重点	中国红色名录	IUCN 红色名录	CITES 附录
II 级		VU	NE	

羽叶人参 羽叶三七 疙瘩七

Panax japonicus (Nees) C.A. Mey. var. *bipinnatifidus* (Seem.) C.Y. Wu et K.M. Feng

【科　　属】 五加科人参属

【形态特征】 多年生草本，高达 1 m。根状茎多为串珠状，有时为竹鞭状，也有竹鞭状与串珠状的混合型；地上茎直立。小叶片一回至二回羽状浅裂至深裂，裂片整齐或不整齐。伞形花序单生于茎顶；花小，深绿色；花瓣 5，长卵形；花柱中部以下合生，果时外弯。果近球形，成熟时上半部黑色，下半部红色。种子白色，三角状长卵球形。花期 6—8 月，果期 8—10 月。

【生　　境】 生于海拔 1 500 m 左右的阔叶林下阴湿处。

【分　　布】 遂昌、龙泉、庆元。

国家重点	省重点	中国红色名录	IUCN 红色名录	CITES 附录
II级		DD	NE	

华顶杜鹃

Rhododendron huadingense B.Y. Ding et Y.Y. Fang

【科　　属】杜鹃花科杜鹃花属

【形态特征】落叶灌木，高 1~4 m。当年生枝绿色，无毛。叶常 4 或 5 枚集生于枝顶；叶片纸质，卵形或椭圆形，先端急尖，基部宽楔形或圆形，边缘具细锯齿和粗缘毛，两面绿色，中脉上面凹陷，下面突起；叶柄被糙伏毛和短柔毛。伞形花序顶生，具 2~4 花；花梗长 1~2 cm，密被腺毛；花冠淡紫色或紫红色，漏斗状，长 4.5~5 cm，裂片 5，上方 3 裂片基部具紫色斑点；雄蕊 10，花丝无毛。蒴果卵球形，黄色。花期 4—5 月，果期 8—9 月。

【生　　境】生于海拔 700~1 145 m 的黄山松林或针阔叶混交林中。

【分　　布】松阳。

国家重点	省重点	中国红色名录	IUCN 红色名录	CITES 附录
II 级		EN	NE	

江西杜鹃
Rhododendron kiangsiense W.P. Fang

【科　　属】杜鹃花科杜鹃花属

【形态特征】常绿灌木，高 0.5~2 m。小枝、叶片两面和花均被棕褐色圆形鳞片。叶片厚革质，上面有光泽，倒卵状椭圆形至椭圆形，先端圆钝，具小尖头，基部楔形至宽楔形，全缘，略反卷；叶柄被白色的粗毛及鳞片。花顶生于枝端，常 2 朵排成伞形状总状花序；花冠白色，宽漏斗形，长约 5 cm，裂片 5，外侧疏被鳞片；雄蕊（8）10，近基部被白色短柔毛；子房圆锥形，花柱被鳞片。蒴果圆柱形。花期 4—5 月，果期 8—9 月。

【生　　境】生于海拔 1 720 m 的岩石旁灌丛中。

【分　　布】遂昌。

国家重点	省重点	中国红色名录	IUCN 红色名录	CITES 附录
	√	NT	NE	

广西越橘

Vaccinium sinicum Sleumer

【科　　属】杜鹃花科越橘属

【形态特征】常绿灌木，高 0.4~2 m。叶密集；叶片革质，
倒卵形或长圆状倒卵形，长 0.9~1.7 cm，顶
端圆形，微突尖，基部楔形，全缘，每侧近
叶片基部有 1 腺体除中脉被微毛外，其余无
毛，中脉在两面突起，侧脉在两面不明显；
叶柄极短。总状花序腋生，具 3~7 花；花序
轴有毛或近无毛；花萼裂片短三角形，钝头；
花冠坛状，白色或淡黄绿色，长约 5 mm，5
浅裂；雄蕊 10，花丝被微毛或近无毛。浆果近球形。花期 6 月，果期 7—11 月。

【生　　境】生于海拔约 1 400 m 的山冈灌丛中。

【分　　布】龙泉。

国家重点	省重点	中国红色名录	IUCN 红色名录	CITES 附录
		VU	NE	

毛茛叶报春

Primula cicutariifolia Pax

【科　　属】报春花科报春花属

【形态特征】二年生矮小草本，高可达 15 cm。叶基生；叶片羽状分裂，长 2~6 cm，顶裂片较大，具缺刻状锯齿，侧裂片逐渐缩小，具锯齿，下面有锈色短腺条；叶柄长 1~4 cm。伞形花序具 2~4 花；花梗长 1~2 cm；花萼 5 深裂；花冠淡紫色，高脚碟状，5 裂，裂片倒心形，先端微凹，花蕾时呈覆瓦状排列；雄蕊 5，着生于花冠筒上，有长短之分；子房近卵形，花柱异长。蒴果球形，顶端开裂。花期 3—4 月，果期 5—7 月。

【生　　境】生于海拔 300~400 m 的山谷林下阴湿处和常有滴水的岩石上。

【分　　布】景宁、青田。

国家重点	省重点	中国红色名录	IUCN 红色名录	CITES 附录
		VU	NE	

红花假婆婆纳

Stimpsonia chamaedryoides Wright ex Gray var. *rubriflora* (J.Z. Shao) Y.L. Xu et D.L. Chen

【科　　属】报春花科假婆婆纳属

【形态特征】一年生直立草本，高 6~15 cm。茎被多节细柔毛。单叶，基生和茎上互生；基生的叶片卵形或卵状长圆形，先端急尖或圆钝，基部平截或圆形，边缘具圆锯齿或浅锯齿；茎生的叶片近圆形或宽卵形，上部逐渐变小，呈苞片状。花单生于茎中上部叶腋；下部的花梗长可达 1.5 cm，上部的逐渐变短；花萼 5 深裂至基部；花冠粉红色，直径约 5 mm，5 裂，裂片倒卵形，先端有凹缺。蒴果球形。种子多数。花果期 4—8 月。

【生　　境】生于山坡岩石缝间、路边荒地上。

【分　　布】遂昌、庆元、景宁、龙泉。

国家重点	省重点	中国红色名录	IUCN 红色名录	CITES 附录
	√	NT	VU	

银钟花

Halesia macgregorii Chun

【科　　属】安息香科银钟花属

【形态特征】落叶乔木，高 6~10 m。树皮灰白色。叶片纸质，椭圆状长圆形至椭圆形，边缘具细锯齿，上面无毛，下面脉腋有簇毛；叶柄长 7~15 mm。总状花序短缩，具花 2~7 朵，先于叶开放或与叶同放；花白色，有清香，常下垂，宽钟形，直径约 1.5 cm；花梗纤细；花萼筒倒圆锥形，萼齿三角状披针形；花冠 4 深裂；子房下位。果为干核果，椭圆形，长 2.5~3 cm，具 2~4 宽纵翅，顶端具宿存花柱。种子长圆形。花期 4 月，果期 7—10 月。

【生　　境】零星生于阔叶林中或林缘。

【分　　布】莲都、青田、遂昌、松阳、龙泉、庆元、景宁。

国家重点	省重点	中国红色名录	IUCN 红色名录	CITES 附录
II级		CR	NE	

细果秤锤树

Sinojackia microcarpa C.T. Chen et G.Y. Li

【科　　属】安息香科秤锤树属

【形态特征】落叶灌木，高达 9 m。主干上的侧枝常呈棘刺状。叶片椭圆形或卵形，边缘具细锯齿，生于花枝基部的叶片卵形而较小；叶柄长 3~4 cm。总状聚伞花序疏松，花序具 3~7 花，白色，直径约 3 cm，生于侧生小枝顶端；花萼倒圆锥形，顶端 5 或 6 齿，萼齿三角形；花冠 5 或 6 裂，裂片卵状椭圆形。果木质、干燥，不开裂，细梭形，具棱，散生星状柔毛。种子 1，长圆柱形，褐色。花期 4 月，果期 10—11 月。

【生　　境】分布于低海拔山谷溪沟边或沿溪沟边的灌丛中。

【分　　布】缙云。

国家重点	省重点	中国红色名录	IUCN 红色名录	CITES 附录
	✓	LC	NE	

裂叶鳞蕊藤

Lepistemon lobatum Pilg.

【科　　属】旋花科鳞蕊藤属

【形态特征】多年生缠绕草本。茎密被褐色长柔毛。叶片宽卵形，先端长渐尖或尾状渐尖，基部深心形，边缘 5~7 或多角形浅裂，两面密被淡黄色硬质长柔毛或有时疏被长柔毛。聚伞花序有花数朵至 10 余朵；萼片宿存；花冠白色或淡黄色，坛状；雄蕊内藏，花丝着生于花冠基部大而成卵状凹形的鳞片背面；子房为环状花盘包围，柱头具乳突。蒴果卵圆形，4 瓣裂。种子 4，近卵形，黑褐色，被淡黄褐色长柔毛。花果期 9—10 月。

【生　　境】生于山谷疏林下或水沟旁。

【分　　布】青田、龙泉。

国家重点	省重点	中国红色名录	IUCN 红色名录	CITES 附录
		VU	NE	

江西马先蒿

Pedicularis kiangsiensis P.C. Tsoong et S.H. Cheng

【科　　属】玄参科马先蒿属

【形态特征】多年生草本，高 70~80 cm。茎直立，紫褐色，具 2 条被毛的纵浅槽。叶假对生，于茎顶部者常为互生；叶片长卵形至披针状长圆形，羽状浅裂至深裂。花序总状而短，生于主茎与侧枝之端；苞片叶状，卵状团扇形，短于花；花冠筒在花萼内向前拱曲，二唇形，上唇盔状，下唇不展开，侧裂片斜肾脏状椭圆形，内侧大而成耳形，中裂片三角状卵形，与侧裂片组成 2 狭而深的缺刻；柱头头状，自盔端伸出。花期 8—9 月，果期 9—11 月。

【生　　境】生长于海拔约 1 200 m 的阳坡岩石上或山沟林下阴湿岩缝中。

【分　　布】景宁。

国家重点	省重点	中国红色名录	IUCN 红色名录	CITES 附录
		VU	NE	

天目地黄

Rehmannia chingii H.L. Li

【科　　属】玄参科地黄属

【形态特征】多年生草本，全体被多细胞长柔毛，高 30~60 cm。基生叶多少呈莲座状，叶片椭圆形，边缘具不规则圆齿或粗锯齿；茎生叶与基生叶同形，向上渐小。花单生；花冠紫红色，稀白色，长 5.5~7 cm，上唇裂片长卵形，下唇裂片长椭圆形；雄蕊后方 1 对稍短，其花丝基部被短腺毛；花柱顶端扩大。蒴果卵形，具宿存的花萼和花柱。种子多数，卵形至长卵形，具网眼。花期 4—5 月，果期 5—6 月。

【生　　境】生于山坡、路旁草丛或石缝中。

【分　　布】莲都、缙云、遂昌、松阳、云和、龙泉、景宁、青田。

国家重点	省重点	中国红色名录	IUCN 红色名录	CITES 附录
	√	NT	NE	

台闽苣苔

Titanotrichum oldhamii (Hemsl.) Soler.

【科　　属】苦苣苔科台闽苣苔属

【形态特征】多年生草本。茎下部疏被短柔毛。叶对生或互生；叶片草质或纸质，狭椭圆形至狭卵形，基部楔形，边缘有齿，两面疏被短柔毛。花序总状，顶生；花萼5裂达基部，宿存，有3条脉；花冠黄色，裂片有紫斑，花冠筒管状漏斗形，上唇2深裂，下唇3裂；雄蕊无毛，花药扁圆形。蒴果褐色，卵球形，疏被短柔毛。种子褐色。除正常发育的果实外，植株可产生穗状生长的珠芽，珠芽直径约2 mm，绿色。花期8—9月，果期10—11月。

【生　　境】生于山谷阴湿处。

【分　　布】云和、庆元、景宁。

国家重点	省重点	中国红色名录	IUCN 红色名录	CITES 附录
	√	LC	NE	

羽裂马蓝

Strobilanthes pinnatifida C.Z. Zheng

【科　　属】爵床科马蓝属

【形态特征】多年生草本，高约 40 cm。根状茎木质。茎直立，单一，少分枝，有棱，被褐色短糙毛。叶对生，椭圆形或卵状椭圆形，基部楔形，常下延，边缘有粗大深波状锯齿或羽状深裂或浅裂，两面被平贴白色短糙毛。穗状花序顶生单一；花疏生，对生；花冠淡红色，花冠筒下部细长，向上逐渐扩大，冠檐裂片 5，近相等；雄蕊 4，二强；子房长圆形，无毛。蒴果长圆形有柔毛。花期 9 月，果期 11 月。

【生　　境】生于海拔 650 m 的林下阴湿地。

【分　　布】庆元。

国家重点	省重点	中国红色名录	IUCN 红色名录	CITES 附录
	√	LC	CR	

菜头肾　肉根马蓝

Strobilanthes sarcorrhiza (C. Ling) C.Z. Zheng ex Y.F. Deng et N.H. Xia

【科　　属】爵床科马蓝属

【形态特征】多年生草本，高 20~40 cm。根状茎根肉质增厚。茎节稍膨大。叶对生；叶片长圆状披针形，顶端渐尖，基部狭楔形，侧脉 7~9 对，边缘具钝齿或呈微波状。花序短穗状或半球形，顶生；苞片、小苞片和萼片均密被白色或淡褐色多节长柔毛；花萼裂片 5，条状线形，不等长；花冠淡紫色，漏斗形，花冠中部弯而下部极收缩，里面有 2 列微毛；雄蕊 4，二强。蒴果无毛，具 4 种子。花期 7—10 月，果期 9—11 月。

【生　　境】生于低山区林下或丘陵地带阴湿处。

【分　　布】青田、缙云、景宁。

国家重点	省重点	中国红色名录	IUCN 红色名录	CITES 附录
Ⅱ级		NT	NE	

香果树

Emmenopterys henryi Oliv.

【科　　属】 茜草科香果树属

【形态特征】 落叶乔木，高可达 30 m。小枝红褐色，圆柱形，具皮孔。叶片宽椭圆形至宽卵形，革质或薄革质，先端急尖或短渐尖，基部圆形或楔形，全缘；叶柄具柔毛。聚伞花序排成顶生的大型圆锥状；花大，具短梗；花萼筒近陀螺形，具缘毛，叶状花萼裂片白色而明显，结实后仍宿存；花冠漏斗状，白色，内外两面均被绒毛。蒴果近纺锤形，具纵棱，成熟时呈红色。种子小而具阔翅。花期 8 月，果期 9—11 月。

【生　　境】 生于海拔 600~1 500 m 的山坡谷地中及溪边、路旁林中阴湿处。

【分　　布】 莲都、青田、缙云、遂昌、松阳、云和、龙泉、庆元、景宁。

国家重点	省重点	中国红色名录	IUCN 红色名录	CITES 附录
II级		EN	VU	

浙江七子花

Heptacodium miconioides Rehder subsp. *jasminoides* (Airy Shaw) Z.H. Chen, X.F. Jin et P.L. Chiu

【科　　属】**忍冬科七子花属**

【形态特征】落叶灌木或小乔木，高可达 7 m。树皮灰白色，片状剥落。幼枝略具 4 棱。叶片纸质，卵状长圆形或卵形，先端长渐尖或长尾状渐尖，基部圆钝或微心形，全缘。圆锥花序具多花；小花序头状，层叠；花芳香；萼檐裂片长 2~2.5 mm，与花萼筒等长；花冠白色，外被倒向柔毛。果实冠以宿存而增大的花萼裂片，紫红色。花期 6—7 月，果期 9—11 月。

【生　　境】生于海拔 400~800 m 的沟谷溪边林下、乱石堆灌丛中。

【分　　布】缙云。

国家重点	省重点	中国红色名录	IUCN 红色名录	CITES 附录
	√	LC	NE	

波状蔓虎刺

Mitchella undulata Siebold et Zucc.

【科　　属】茜草科蔓虎刺属

【形态特征】多年生匍匐草本。茎细长而匍匐。叶片厚，有大型和小型之分；大型叶叶片三角状卵形、宽卵形或卵形，先端急尖或稍钝，基部圆形或微心形，边缘全缘或多少波状，具光泽，两面无毛，上面叶脉明显，突起；小型叶叶片卵形或近圆形；托叶生于叶柄间，三角形。花每2朵成对顶生，小；花冠白色而常多少带红晕，筒部细长，顶端4裂，内面密被绒毛。果成对孪生，球形，成熟时呈红色。花期5月，果期8—9月。

【生　　境】生于海拔700~1 600 m 的溪边林下、湿润岩石上。

【分　　布】遂昌、松阳、龙泉、庆元、景宁。

国家重点	省重点	中国红色名录	IUCN 红色名录	CITES 附录
	√	NT	NE	

浙江雪胆

Hemsleya zhejiangensis C.Z. Zheng

【科　　属】葫芦科雪胆属

【形态特征】多年生草质藤本。块茎膨大，扁球形。植株纤细，被毛。复叶，具 4~9 小叶；小叶片椭圆状披针形，边缘具疏锯齿，沿脉疏被小刺毛；叶柄长 2.5~5 cm。雌雄异株；雄花为聚伞圆锥花序；花冠淡黄色，扁球状，直径 0.8~1 cm，向下反卷，内面密生糠秕状短柔毛；雄蕊 5，花丝短。雌花较雄花大，花裂片边缘具疏睫毛；子房筒状。果长棒槌形。种子长圆形，周围具厚木栓质翅。花期 5—9 月，果期 8—11 月。

【生　　境】生于海拔 200~1 000 m 的山谷灌丛中和竹林下。

【分　　布】云和、景宁。

国家重点	省重点	中国红色名录	IUCN 红色名录	CITES 附录
	√	LC	LC	

曲轴黑三棱

Sparganium fallax Graebn.

【科　　属】黑三棱科黑三棱属

【形态特征】多年生挺水草本，高 50~70 cm。茎直立。叶
片条形，扁平，下面近基部龙骨状突起，基部
鞘状抱茎，平行脉直出，具小横脉。穗状花序
长 20~40 cm，花序轴略呈"S"形曲折；雄头
状花序 4~7，排列于花序总轴上部；雌头状花
序 3~5，生于花序总轴下部；雄花花被片 4~6，
膜质，倒披针形，雄蕊 4~6，伸出花被外；雌
花花被片 4~6，绿色，倒卵形或倒宽卵形，子房无柄，柱头喙状。果实长圆球状
圆锥形。花果期 6—10 月。

【生　　境】生于海拔 250~1 130 m 的池塘、沼泽或溪沟中。

【分　　布】莲都、缙云、遂昌、庆元、景宁、青田。

国家重点	省重点	中国红色名录	IUCN 红色名录	CITES 附录
	√	LC	LC	

水蕹 田干草

Aponogeton lakhonensis A. Camus

【科　　属】水蕹科水蕹属

【形态特征】多年生淡水草本。叶片沉水或浮水，草质；叶片长椭圆形至披针形，全缘，先端钝圆或急尖，基部心形或圆形，长轴具 3~5 平行脉，次级横脉多数，中脉宽，在叶下面微突；沉水叶柄长 9~15 cm，浮水叶柄长 10~60 cm。穗状花序顶生，不分枝，花时挺水，长 5~12 cm，佛焰苞早落，花序梗长达 40 cm；膜质花被片 2，黄色，离生，匙状倒卵形；雄蕊 6，离生，排成 2 轮；心皮 3~6。蓇葖果卵形，顶端具短喙。种子长圆形。花果期 7—10 月。

【生　　境】生于河流、农田水沟中。

【分　　布】莲都、遂昌、云和、龙泉、庆元。

国家重点	省重点	中国红色名录	IUCN 红色名录	CITES 附录
Ⅱ级		CR	DD	

长喙毛茛泽泻 　毛茛泽泻

Ranalisma rostrata Stapf

【科　　属】泽泻科毛茛泽泻属

【形态特征】多年生水生或沼生草本。叶基生；叶片全缘，薄纸质；沉水叶披针形，挺水叶宽椭圆形或卵状椭圆形，先端急尖，基部心形或钝，具3~5弧状脉，羽状脉明显；叶柄细长，基部扩大成鞘状。花葶直立，具1~3花；花两性；花瓣白色；萼片宽椭圆形，长为花瓣的1/2~2/3；雄蕊9，长为萼片的一半；心皮多数，离生，聚生于半球形的花托上；花柱长喙状，宿存，花后花托伸长。瘦果侧扁，周围有薄翅。花果期7—10月。

【生　　境】生于浅水池沼中。

【分　　布】莲都。

国家重点	省重点	中国红色名录	IUCN 红色名录	CITES 附录
		VU	EN	

利川慈姑

Sagittaria lichuanensis J.K. Chen, S.C. Sun et H.Q. Wang

【科　　属】泽泻科慈姑属

【形态特征】多年生水生或沼生草本。叶基生；叶挺水，直立，叶片箭形，长约 15 cm；叶柄长 25~30 cm，基部具鞘，鞘内有褐色、倒卵形珠芽。圆锥花序长 15~35 cm，具 4 至多轮花，每轮具 2~3 花；花单性；外轮花被片卵形，宿存，花后包住心皮顶部，内轮花被片白色；雌花 1~2 轮，雄花多轮；雄蕊 15~18；心皮离生，集成球形。瘦果侧扁，两侧具脊。花果期 7—10 月。

【生　　境】生于沼泽、山间湿地、农田水沟等浅水中。

【分　　布】青田、遂昌、松阳、龙泉、庆元。

国家重点	省重点	中国红色名录	IUCN 红色名录	CITES 附录
		CR	**LC**	

宽叶泽薹草

Caldesia grandis Sam.

【科　　属】泽泻科泽苔草属

【形态特征】多年生水生或沼生草本。叶基生；叶片扁圆形，宽大于长，先端凹，基部平直，叶脉隆起，横脉密生；叶柄中下部具横隔，基部渐宽，边缘通常膜质。花葶直立，高 30~60 cm；圆锥花序分枝轮生，每轮常 3 分枝，下部 1~3 轮可再次分枝；苞片披针形；花两性；萼片宿存，反折；花瓣白色，匙形或近倒卵形，平展或反折；雄蕊 9~12；心皮多数，分离；花柱直立或微弯。小坚果具脊，果喙直立，或多少微弯。花果期 7—9 月。

【生　　境】生于山地沼泽。

【分　　布】青田。

国家重点	省重点	中国红色名录	IUCN 红色名录	CITES 附录
II级		VU	LC	

水车前　龙舌草　水白菜

Ottelia alismoides (L.) Pers.

【科　　属】水鳖科水车前属

【形态特征】多年生沉水草本。叶基生；植株个体发育的不
同阶段，叶形变化多样；叶片膜质，全缘或有
细齿；叶柄具狭翅，长短随水体的深浅而不同。
花两性，单生于佛焰苞内；佛焰苞椭圆形至卵
形，具长柄，顶端 2 或 3 浅裂，有 3~6 条皱波
状纵翅，在翅不发达的脊上有时出现瘤状突起；
花无梗；花瓣白色、淡紫色或浅蓝色；雄蕊常
为 6；子房长椭圆形，与佛焰苞近等长。果长
2~5 cm。种子多数，纺锤形，细小，种皮上有纵条纹。花果期 4—10 月。

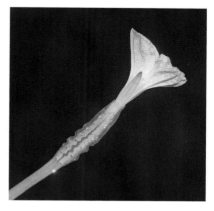

【生　　境】生于湖泊、沟渠、水田或沼泽中。

【分　　布】龙泉、庆元。

国家重点	省重点	中国红色名录	IUCN 红色名录	CITES 附录
		EN	NE	

多枝霉草

Sciaphila ramosa Fukuy. et T. Suzuki

【科　　属】霉草科霉草属

【形态特征】多年生腐生小草本，植株高 4~8 cm，淡红色。茎纤细，圆柱形，常分枝。叶小如鳞片状。花序总状或排成圆锥状；花被裂片 6，裂片几相等，卵形或卵状披针形，长约 0.7 mm，先端具短尖；雄花位于花序上部，雄蕊 2~3，几无花丝；雌花子房多数，堆集成球形，子房倒卵形，呈瘤状突起；花柱自子房顶端伸出，线形，远超过子房。蓇葖果倒卵形，稍弯曲，长约 0.7 mm，基部具喙状刺。花期 5—7 月，果期 8—9 月。

【生　　境】生于山坡林下阴湿处。

【分　　布】松阳、景宁、莲都、缙云、青田。

国家重点	省重点	中国红色名录	IUCN 红色名录	CITES 附录
	√	LC	NE	

方竹　四方竹　四角竹

Chimonobambusa quadrangularis (Fenzi) Makino

【科　　属】禾本科寒竹属

【形态特征】灌木状竹类。秆高 4~6 m，直径 1~4 cm；秆略呈方形，新秆密被向下的黄褐色小刺毛；秆环隆起，箨环初时具小刺毛，秆中部以下各节有刺状气根围成环状。箨鞘厚纸质至革质，短于节间，无毛或有时在中上部疏生小刺毛，边缘有纤毛，小横脉紫色，呈明显的方格状；箨耳及箨舌均不发达；箨片微小，呈锥形。每节分枝初为 3，后增多成簇生，枝环极为突起。叶片薄纸质，长 8~29 cm，宽 1~2.7 cm，下面初具柔毛。笋期在秋季。

【生　　境】生于山丘沟谷边或疏林下。

【分　　布】缙云、遂昌、庆元、景宁。

国家重点	省重点	中国红色名录	IUCN 红色名录	CITES 附录
II级		VU	NE	

水禾

Hygroryza aristata (Retz.) Nees

【科　　属】禾本科水禾属

【形态特征】多年生漂浮草本。根状茎细长，漂浮于水面，节上生羽状须根。叶鞘膨胀；叶舌膜质；叶片卵状披针形，正面有时具斑，顶端钝，基部圆形。圆锥花序宽三角形，长 4~8 cm，具疏散分枝，基部藏于叶鞘内；小穗基部具长约 1 cm 的柄状基盘；外稃长 6~8 mm，草质，具 5 脉，脉上被纤毛，脉间生短毛，顶端具长 1~2 cm 的芒；内稃与外稃同质且等长，具 3 脉；雄蕊 6，花药黄色。颖果圆柱状。花果期秋季。

【生　　境】生于水沟或池塘浅水处。

【分　　布】莲都。

国家重点	省重点	中国红色名录	IUCN 红色名录	CITES 附录
		EN	NE	

发秆薹草 松叶薹草

Carex rara Boott

【科　　属】莎草科薹草属

【形态特征】多年生草本，植株高 20~35 cm。秆丛生纤细，直立。叶短于秆；叶片丝状，宽 1~1.5 mm。小穗单一，顶生，长圆状披针形，长 8~18 mm，雄雌顺序，雄花部分披针形，长 5~10 mm，雌花部分短圆柱形，长 5~8 mm，具 8~16 花。果囊水平开展，宽卵球形，略鼓胀，钝三棱状，淡黄褐色，具锈色点线，先端渐狭成短喙，喙口微凹。小坚果卵球形，钝三棱状；花柱基部不膨大，柱头 3。花果期 4—5 月。

【生　　境】生于海拔 400~1 700 m 的沼泽地、路边湿地、山坡林下、溪沟草丛中、岩石上。

【分　　布】龙泉、云和、庆元。

国家重点	省重点	中国红色名录	IUCN 红色名录	CITES 附录
		VU	NE	

盾叶半夏

Pinellia peltata Pei

【科　　属】天南星科半夏属

【形态特征】多年生草本。球茎近球形，直径 1~2.5 cm。叶 2~3；叶片盾状着生，卵形或长圆形，长 10~18 cm，宽 5.5~12 cm，先端渐尖或短渐尖，基部心形，深绿色，全缘；叶柄长 20~35 cm，下部具鞘。花序梗长 7~15 cm；佛焰苞黄绿色，管部卵圆形，檐部展开，先端钝；肉穗花序雄花部分长约 6 mm，雌花部分长 5 mm，密生花；附属器长约 10 cm，向上渐细。浆果卵圆形，顶端尖。花果期 5—8 月。

【生　　境】生于海拔 900 m 以下的溪沟边湿地或阴湿渗水的崖壁上或石缝中。

【分　　布】莲都、青田、庆元、景宁、缙云。

国家重点	省重点	中国红色名录	IUCN 红色名录	CITES 附录
	√	EN	NE	

黄精叶钩吻 金刚大

Croomia japonica Miq.

【科　　属】百部科金刚大属

【形态特征】多年生草本，植株高 14~45 cm。根状茎匍匐。茎直立，不分枝。叶通常 3~5，
互生于茎上部，叶片卵形或卵状长圆形，顶端急尖或短尖，基部微心形；叶柄紫
红色。花小，单花或 2~4 花排成总状花序；花序梗丝状，下垂；花被片黄绿色，
"十"字形展开，宽卵形至卵状长圆形，大小近相等，边缘反卷，具小乳突，在
果时宿存；雄蕊 4；子房具数枚胚珠，柱头小。蒴果稍扁，成熟时 2 瓣裂。花期
4—7 月，果期 7—9 月。

【生　　境】生于海拔 830~1 200 m 的沟谷林下。

【分　　布】莲都、庆元、景宁。

国家重点	省重点	中国红色名录	IUCN 红色名录	CITES 附录
II 级		VU	NE	

华重楼 七叶一枝花

Paris polyphylla Sm. var. *chinensis* (Franch.) H. Hara

【科　　属】百合科重楼属

【形态特征】多年生草本，植株高 100~150 cm。根状茎粗壮，稍扁，密生环节。叶通常 5~10 枚轮生于茎顶；叶片长圆形、倒卵状长圆形或倒卵状椭圆形，先端渐尖，基部圆钝或宽楔形；叶柄长 0.5~3 cm。花单生于茎顶，花被片 2 轮，每轮 4~7，外轮叶状，绿色，内轮条形，黄色，远短于外轮；雄蕊 8~10，花药远长于花丝。子房暗红色，具棱；花柱 4~7 裂。蒴果近圆形，具棱，熟时开裂。种子具红色肉质的外种皮。花期 4—5 月，果期 8—10 月。

【生　　境】生于山坡林下阴湿处或沟边草丛中。

【分　　布】莲都、青田、缙云、遂昌、松阳、云和、龙泉、庆元、景宁。

国家重点	省重点	中国红色名录	IUCN 红色名录	CITES 附录
II 级		NT	NE	

狭叶重楼

Paris polyphylla Sm. var. *stenophylla* Franch.

【科　　属】百合科重楼属

【形态特征】多年生草本。根状茎粗壮，稍扁，密生环
节。叶通常 8~14 轮生于茎顶；叶片条状披针
形、披针形、倒披针形或倒卵状披针形，通常
宽 0.5~2.5 cm，几无柄或具极短的柄。花单生
于茎顶，花被片 2 轮，每轮 4~7，外轮叶状，
绿色，内轮线形，远长于外轮花被片；雄蕊
8~10。子房暗红色，具棱；花柱 4~7 裂。蒴
果近圆形，熟时开裂。种子具红色肉质的外种
皮。花期 4—5 月，果期 8—10 月。

【生　　境】生于山坡林下阴湿处或沟边草丛中。

【分　　布】莲都、缙云、遂昌、龙泉、庆元、景宁、青田。

国家重点	省重点	中国红色名录	IUCN 红色名录	CITES 附录
		VU	NE	

绿花油点草

Tricyrtis viridula Hir. Takahashi

【科　　属】百合科油点草属

【形态特征】多年生草本，高 40~100 cm。叶片常卵形至倒卵形，除主脉上有刚毛外，两面均无毛，基部抱茎。聚伞花序由 2~4 个具 2~8 花的小聚伞花序组成，顶生兼腋生；花被片绿白色或淡黄色，内具散生的紫红色斑点和位于基部的橘黄色斑块；外轮花被片卵形，基部向下延伸成囊状；内轮花被片披针形；雄蕊 6；花药紫色或黄色；柱头 3 裂，向外弯垂，每裂再二分枝。蒴果三棱形。种子黑紫色。花果期 6—10 月。

【生　　境】生于海拔 1 000~1 800 m 的林下或林缘。

【分　　布】龙泉、庆元、景宁、遂昌、云和。

国家重点	省重点	中国红色名录	IUCN 红色名录	CITES 附录
		LC	NE	附录 II

无柱兰　细葶无柱兰
Amitostigma gracile (Blume) Schltr.

【科　　属】兰科无柱兰属

【形态特征】地生草本植物，植株高 9~20 cm。块茎椭圆状球形，肉质。茎纤细，直立，下部
具 1 叶。叶片长圆形或卵状披针形，长 5~20 cm。花葶纤细，直立，总状花序具
5~20 余花，偏向一侧；花小，红紫色或粉红色；萼片卵形，几靠合；花瓣斜卵
形，与萼片近等长而稍宽，先端近急尖；唇瓣 3 裂，中裂片长圆形，侧裂片卵状
长圆形；距纤细，筒状，几伸直，下垂；子房长圆锥形，具长柄。花期 6—7 月，
果期 9—10 月。

【生　　境】生于山坡沟谷边或林下阴湿处覆有土的岩石上或山坡灌丛中。

【分　　布】莲都、青田、缙云、遂昌、松阳、云和、龙泉、庆元、景宁。

国家重点	省重点	中国红色名录	IUCN 红色名录	CITES 附录
		CR	NE	附录 II

大花无柱兰

Amitostigma pinguicula (Rchb. f. et S. Moore) Schltr.

【科　　属】兰科无柱兰属

【形态特征】地生草本植物，植株高 8~16 cm。块茎卵球形，肉质。茎直立，下部具 1 叶，叶下具 1 或 2 筒状鞘。叶片常舌状长圆形。花葶纤细，直立，顶生 1 或 2 花；花粉红色；中萼片卵状披针形，侧萼片卵形；花瓣斜卵形，较萼片略短而宽，先端钝；唇瓣扇形，长与宽几相等，长约 1.5 cm，具爪，3 裂，中裂片倒卵形，先端微凹或全缘，侧裂片卵状楔形，伸展；距圆锥形，长约 1.5 cm，下垂；子房无毛。花期 4—5 月。

【生　　境】生于山坡林下岩石上或沟谷边阴处草地中。

【分　　布】莲都、青田、缙云、遂昌、松阳、龙泉、庆元、景宁。

国家重点	省重点	中国红色名录	IUCN 红色名录	CITES 附录
II级		EN	NE	附录II

金线兰　花叶开唇兰
Anoectochilus roxburghii (Wall.) Lindl.

【科　　属】兰科开唇兰属
【形态特征】多年生地生草本植物，植株高 8~14 cm。茎下部具 2~4 叶。叶片卵圆形或卵形，上面暗紫色，具金黄色网纹脉和丝绒状光泽，下面淡紫红色。总状花序疏生 2~6 花；花白色或淡红色；中萼片卵形，向内凹陷，侧萼片卵状椭圆形，稍偏斜，与中萼片近等长；花瓣近镰刀状，和中萼片靠合成兜状；唇瓣前端 2 裂，呈"Y"字形，裂片舌状条形，边缘全缘，中部具爪，两侧具 6 条流苏状细条，基部具距；距末端指向唇瓣；子房长圆柱形。花期 9—10 月。
【生　　境】生于常绿阔叶林或竹林阴湿处。
【分　　布】莲都、青田、缙云、遂昌、松阳、云和、龙泉、庆元、景宁。

国家重点	省重点	中国红色名录	IUCN 红色名录	CITES 附录
II级		EN	EN	附录II

浙江金线兰 浙江开唇兰

Anoectochilus zhejiangensis Z. Wei et Y.B. Chang

【科　　属】兰科开唇兰属

【形态特征】多年生地生草本植物，植株高 8~16 cm。茎淡红褐色，肉质，被柔毛，下部集生 2~6 叶。叶片宽卵形至卵圆形，全缘，叶脉 5~7，网脉金黄色，叶背面略带淡紫红色。总状花序具 1~4 花；萼片淡红色，近等长；花瓣白色，倒披针形，与中萼片靠合成兜状；唇瓣白色，呈"Y"字形，前端 2 深裂，中部收狭成爪，两侧各具 1 鸡冠状褶片，褶片具 3 或 4 小齿，基部具距；距向唇瓣方向翘起几成"U"字形；子房狭圆柱形。花期 8 月。

【生　　境】生于海拔 600~1 000 m 的山坡或沟谷阴湿的竹林、阔叶林下。

【分　　布】遂昌、松阳。

国家重点	省重点	中国红色名录	IUCN 红色名录	CITES 附录
		LC	NE	附录 II

台湾吻兰

Collabium formosanum Hayata

【科　　属】兰科吻兰属

【形态特征】多年生地生草本植物。假鳞茎疏生于根状茎上，圆柱形。叶厚纸质，长圆状披针形，上面有多数黑色斑点，边缘波状，具多数弧形脉。总状花序疏生 4~9 花；萼片绿色，具 3 脉，先端内面具红色斑纹，中萼片狭长圆状披针形，侧萼片镰刀状倒披针形，基部贴生于蕊柱足；花瓣相似于侧萼片；唇瓣白色带红色斑点和条纹，3 裂，侧裂片斜卵形，中裂片倒卵形，先端近圆形并稍凹入；距圆筒状，末端钝。花期 5—9 月。

【生　　境】生于海拔 600~750 m 的山坡密林下或沟谷林下岩石边。

【分　　布】景宁。

国家重点	省重点	中国红色名录	IUCN 红色名录	CITES 附录
		LC	NE	附录 II

竹叶兰

Arundina graminifolia (D. Don) Hochr.

【科　　属】兰科竹叶兰属

【形态特征】多年生地生草本植物，植株高 30~100 cm。地下根状茎基部常有膨大状假鳞茎。茎常丛生或成片生长，细竹竿状，具多枚叶。叶互生，禾叶状；叶片条状披针形，基部呈鞘状抱茎。总状花序顶生，具 2~10 花；苞片鳞片状；花大，直径约 5 cm，花粉红色或略带紫色或白色；萼片长圆状披针形，分离，中萼片稍宽；花瓣卵状长圆形；唇瓣基部筒状，3 裂，侧裂片耳状，中裂片较大，边缘波状，唇盘上具 3 或 5 带黄色褶片。花期 9—10 月，果期 10—11 月。

【生　　境】生于溪谷山坡草地上、林缘或溪边草丛中。

【分　　布】莲都、龙泉、庆元、景宁、青田。

国家重点	省重点	中国红色名录	IUCN 红色名录	CITES 附录
		LC	NE	附录 II

高山蛤兰 高山毛兰 连珠毛兰
Conchidium japonicum (Maxim.) S.C. Chen et J.J. Wood

【科　　属】兰科蛤兰属

【形态特征】多年生附生草本植物，植株高约 10 cm。假鳞茎密集着生，长卵形，外围被膜质鞘，顶生 2 叶。叶片长椭圆形或条形，长 4~10 cm，具 4 或 5 主脉。花序具 1~4 花；花白色；中萼片窄椭圆形，侧萼片卵形，偏斜，基部与蕊柱足合生成萼囊；花瓣椭圆状披针形，近等长于中萼片；唇瓣轮廓近倒卵形，基部收狭成爪状，3 裂，中裂片近四方形，肉质，中间稍有凹缺，唇盘基部发出 3 褶片。花期 6—7 月，果期 8 月。

【生　　境】附生于树干或林中岩石上。

【分　　布】遂昌、缙云。

159

国家重点	省重点	中国红色名录	IUCN 红色名录	CITES 附录
II级		EN	NE	附录 II

白及 白芨

Bletilla striata (Thunb. ex Murray) Rchb. f.

【科　　属】兰科白及属

【形态特征】多年生地生草本植物，植株高 30~80 cm。具明显粗壮的茎。叶 4 或 5；叶片狭长椭圆形或披针形，叶面具多条平行纵褶。总状花序具 4~10 花，顶生；花较大，直径约 4 cm，紫红色或玫瑰红色；萼片离生，与花瓣几相似，狭卵圆形；唇瓣倒卵形，白色带红色，具紫色脉纹，中部以上 3 裂，侧裂片直立，围抱蕊柱，中裂片倒卵形，上面有 5 脊状褶片，褶片边缘波状；蕊柱两侧具翅；具细长的蕊喙。花期 5—6 月，果期 7—9 月。

【生　　境】生于沟谷山坡草丛中、沟谷边滩地上。

【分　　布】莲都、缙云、遂昌、云和、龙泉、庆元、景宁、青田。

国家重点	省重点	中国红色名录	IUCN 红色名录	CITES 附录
		LC	NE	附录 II

瘤唇卷瓣兰

Bulbophyllum japonicum (Makino) Makino

【科　　属】兰科石豆兰属

【形态特征】多年生附生草本。根状茎匍匐。假鳞茎卵球形，顶生 1 叶。叶片革质，多长圆形，先端锐尖。花葶从假鳞茎基部抽出，长 2~3 cm；伞形花序常具 2~4 花；花紫红色；中萼片卵状椭圆形，具 3 脉，全缘；侧萼片披针形，中部以上两侧边缘内卷，基部上方扭转而侧萼片的上下侧边缘彼此靠合；花瓣近匙形；唇瓣肉质，舌状，向外下弯；蕊柱齿钻状；药帽半球形。花期 7—9 月。

【生　　境】附生于林下溪沟山谷阴湿处岩石上。

【分　　布】莲都、松阳、庆元、龙泉。

国家重点	省重点	中国红色名录	IUCN 红色名录	CITES 附录
		LC	NE	附录 II

广东石豆兰

Bulbophyllum kwangtungense Schltr.

【科　　属】兰科石豆兰属

【形态特征】多年生附生草本。根状茎长而匍匐。假鳞茎长圆柱形，在根状茎上远离着生，顶生 1 叶。叶片革质，长圆形，先端钝圆而凹。花葶从假鳞茎基部长出，长达 8 cm；总状花序呈伞形状，具 2~4 花；花淡黄色；萼片近同形，条状披针形，上部边缘上卷呈筒状，先端尾状，基部贴生于蕊柱基部和蕊柱足上；花瓣狭披针形，长渐尖，全缘；唇瓣对折，较花瓣短，唇盘上具 4 褶片。蒴果长椭圆球形。花期 5—6 月，果期 9—10 月。

【生　　境】附生于溪沟边石壁上或树干上。

【分　　布】莲都、青田、缙云、遂昌、松阳、云和、龙泉、庆元、景宁。

国家重点	省重点	中国红色名录	IUCN 红色名录	CITES 附录
		LC	NE	附录 II

齿瓣石豆兰
Bulbophyllum levinei Schltr.

【科　　属】兰科石豆兰属

【形态特征】多年生附生草本。根状茎匍匐。假鳞茎近圆柱形，彼此相互靠近，顶生 1 叶。叶片椭圆状披针形，先端钝。花葶从假鳞茎基部长出，纤细，长 5~7 cm；总状花序缩短成近伞形，具 2~6 花；花白色；中萼片椭圆形，边缘具细齿，先端急尖，侧萼片狭卵状披针形，先端尾状；花瓣卵形，边缘流苏状；唇瓣戟状披针形，肉质，弯曲；蕊柱短。蒴果椭圆球形。花期 5—8 月，果期 6—11 月。

【生　　境】附生于林下沟谷石壁上。

【分　　布】莲都、缙云、遂昌、庆元、景宁、青田、龙泉。

国家重点	省重点	中国红色名录	IUCN 红色名录	CITES 附录
		NT	NE	附录 II

毛药卷瓣兰

Bulbophyllum omerandrum Hayata

【科　　属】兰科石豆兰属

【形态特征】多年生附生草本。根状茎匍匐。假鳞茎卵球

形，在根状茎上离生，顶生 1 叶。叶片长圆
形，先端稍凹缺。花葶生于假鳞茎基部，长
5~6 cm；伞形花序具 1~3 花。花黄色；中萼
片卵形，先端具 2 或 3 条髯毛，全缘，侧萼片
披针形，先端稍钝，基部上方扭转，2 侧萼片
呈"八"字形叉开；花瓣卵状三角形，先端紫
褐色，上部边缘具流苏；唇瓣舌形，外弯，下部两侧对折；蕊柱长约 4 mm，蕊
柱足弯；药帽前缘具流苏。花期 3—4 月。

【生　　境】附生于山谷岩石上。

【分　　布】莲都、景宁、青田、遂昌、松阳、龙泉。

国家重点	省重点	中国红色名录	IUCN 红色名录	CITES 附录
		LC	NE	附录 II

斑唇卷瓣兰

Bulbophyllum pecten-veneris (Gagnep.) Seidenf.

【科　　属】兰科石豆兰属

【形态特征】多年生附生草本。根状茎匍匐。假鳞茎卵状圆球形，在根状茎上离生，顶生 1 叶。叶片革质，长圆状披针形。花葶从假鳞茎基部长出，光滑；伞形花序具 3~8 花；花黄色或橙黄色；中萼片卵圆形，凹陷，先端渐尖成芒状，边缘具长柔毛，侧萼片通常长 3.5~5 cm，基部上方扭转而上下侧边缘分别彼此黏合，边缘内卷，先端渐尖成尾状；花瓣斜卵圆形，边缘具长柔毛；唇瓣黄带红色，肉质，角状突起；蕊柱半圆形。花期 8—10 月，果期 11 月至翌年 6 月。

【生　　境】附生于林中树上或岩石上。

【分　　布】云和、龙泉、庆元、青田。

国家重点	省重点	中国红色名录	IUCN 红色名录	CITES 附录
		LC	NE	附录 II

剑叶虾脊兰　长叶根节兰

Calanthe davidii Franch.

【科　　属】兰科虾脊兰属

【形态特征】多年生地生草本，植株高 50~60 cm。假鳞茎
小，紧密聚生。叶 3~4 枚，剑形或带形，长达
60 cm，宽 2~4 cm，具 3 明显主脉，叶柄有时
形成假茎。花葶自叶腋生出，直立，长达 1 m
或更长，密被短柔毛；总状花序密生多花；花
黄绿色或白色；萼片和花瓣反折；萼片相似，
近椭圆形；花瓣与萼片等长；唇瓣的轮廓为宽
三角形，与整个蕊柱翅合生，3 裂，侧裂片长圆形或镰状长圆形，中裂片先端 2
裂；距圆筒形，镰刀状弯曲。蒴果卵球形。花期 6—7 月，果期 9—10 月。

【生　　境】生于海拔 500 m 左右的沟谷竹林或阔叶林下。

【分　　布】莲都、青田、景宁。

国家重点	省重点	中国红色名录	IUCN 红色名录	CITES 附录
		NT	NE	附录 II

钩距虾脊兰
Calanthe graciliflora Hayata

【科　　属】兰科虾脊兰属

【形态特征】多年生地生草本，植株高约 70 cm。假鳞茎短，
近卵球形。叶片椭圆形或椭圆状披针形，长达
33 cm，宽 5.5~10 cm。花葶出自假茎上端的叶
丛间，长达 70 cm；总状花序疏生多花；萼片
和花瓣背面淡黄色或黄褐色，内面淡黄色；中
萼片与侧萼片近似，椭圆形，先端锐尖，基部
收狭；花瓣倒卵状披针形，基部具短爪；唇瓣

浅白色，3 裂，唇盘上具褐色斑点和平行的龙骨状脊突；距圆筒形，常钩曲。花
期 4—5 月。

【生　　境】生于山坡林下阴湿地。

【分　　布】莲都、青田、缙云、遂昌、松阳、云和、龙泉、庆元、景宁。

国家重点	省重点	中国红色名录	IUCN 红色名录	CITES 附录
		LC	NE	附录 II

反瓣虾脊兰
Calanthe reflexa (Kuntze) Maxim.

【科　　属】兰科虾脊兰属

【形态特征】多年生地生草本，植株高 20~35 cm。假鳞茎粗短，具叶 4~5，近基生。叶片椭圆形，通常长 15~20 cm，先端锐尖，基部收狭至叶柄。总状花序长，疏生 10~20 花；花淡紫色，萼片和花瓣反折并与子房平行；中萼片卵状披针形，先端呈尾状急尖，侧萼片与中萼片等大；花瓣条形，近等长于萼片；唇瓣基部与蕊柱中部以下的翅合生，3 裂，无距，中裂片近椭圆形或倒卵状楔形，先端锐尖，边缘具不整齐的齿。花期 7—8 月，果期 11 月。

【生　　境】生于海拔 800~1 000 m 的山坡林下阴湿地。

【分　　布】庆元。

国家重点	省重点	中国红色名录	IUCN 红色名录	CITES 附录
		LC	NE	附录 II

细花虾脊兰

Calanthe mannii Hook. f.

【科　　属】兰科虾脊兰属

【形态特征】多年生地生草本，植株高 20~40 cm。假鳞茎粗短，圆锥形，具 3~5 叶。叶片折扇状，倒披针形或长圆形。花葶从叶间长出，直立，高出叶；总状花序密生 30 余花；萼片和花瓣暗褐色；中萼片常卵状披针形，侧萼片斜卵状披针形，与中萼片近等长；花瓣倒卵状披针形；唇瓣金黄色，3 裂，唇盘上具 3 褶片或龙骨状脊；距短钝，伸直，长 1~3 mm。花期 4—5 月。

【生　　境】生于海拔 1 000~1 100 m 的山坡林下。

【分　　布】景宁。

国家重点	省重点	中国红色名录	IUCN 红色名录	CITES 附录
		LC	NE	附录 II

金兰

Cephalanthera falcata (Thunb. ex A. Murrey) BL.

【科　　属】兰科头蕊兰属

【形态特征】多年生地生草本植物，植株高 24~50 cm。茎直立，上部具 4~7 叶。叶片椭圆形或椭圆状披针形，基部鞘状抱茎。总状花序具 5~10 花，顶生；花黄色，直立，长约 2 cm，不完全展开；萼片卵状椭圆形，共 5 脉；花瓣与萼片相似，稍短；唇瓣长约 5 mm，先端不裂或 3 浅裂，中裂片圆心形，内面具 7 纵褶片，侧裂片三角形，基部围抱蕊柱；距圆锥形，伸出萼外。花期 5 月，果期 8—9 月。

【生　　境】生于山坡林下、灌丛中或草地上。

【分　　布】莲都、缙云、遂昌、龙泉、庆元、景宁。

国家重点	省重点	中国红色名录	IUCN 红色名录	CITES 附录
		LC	NE	附录Ⅱ

大序隔距兰

Cleisostoma paniculatum (Ker-Gawl.) Garay

【科　　属】兰科隔距兰属

【形态特征】多年生附生草本植物。茎长 20~30 cm，近基部
生根。叶片带状长圆形，先端不等 2 浅裂，基
部对折，套叠状抱茎。圆锥花序腋生，疏生多
花；花小，黄色，直径约 8 mm；萼片具红褐色
条纹；花瓣长圆形；唇瓣肉质，3 裂，中裂片朝
上，先端喙状，侧裂片三角形，直立，唇盘中
央具 1 褶片；距圆筒状，长 4.5 mm，内面背壁上方具长方形胼胝体。花期 4—5 月。

【生　　境】生于溪边林中的树干上或沟谷林下岩石上。

【分　　布】庆元。

国家重点	省重点	中国红色名录	IUCN 红色名录	CITES 附录
		LC	NE	附录 Ⅱ

蜈蚣兰

Cleisostoma scolopendrifolium (Makino) Garay

【科　　属】兰科隔距兰属

【形态特征】多年生附生草本植物。茎通常匍匐分枝，多节。叶二列；叶片稍肥厚肉质，两侧对折成短剑状，基部具缝状关节。花序短，腋生，具 1 或 2 花；花淡红色，直径约 8 mm；花被片开展；中萼片卵状长圆形，侧萼片斜卵状长圆形；花瓣长圆形，先端圆钝；唇瓣肉质，3 裂，中裂片舌状三角形，具黄紫色斑点，侧裂片三角形；距近球形，袋状，距口下缘具 1 环乳突状毛。果实长倒卵球形。花期 6—7 月。

【生　　境】附生于树干上或石壁上。

【分　　布】莲都、庆元、缙云、松阳。

国家重点	省重点	中国红色名录	IUCN 红色名录	CITES 附录
II级		EN	EN	附录II

落叶兰

Cymbidium defoliatum Y.S. Wu et S.C. Chen

【科　　属】兰科兰属

【形态特征】多年生地生草本。假鳞茎小，常数个聚生成不规则的根状茎状。叶2~4，12月上旬开始逐渐凋落，4月与花葶同时萌生；叶片带形，斜立或近直立，除中脉在叶面凹陷外，其余均在两面浮凸。花葶高10~20 cm；总状花序具2~4花；花小，有香气，带白色、浅红色或淡紫色；中萼片近直立，侧萼片平展；花瓣近狭卵形；唇瓣不明显3裂，侧裂片狭小，内弯，中裂片外卷，唇盘上2纵褶片位于上部近中裂片基部处，不向基部延伸。花期5—6月。

【生　　境】生于海拔600~800 m的山坡梯田草丛中。

【分　　布】松阳、龙泉。

国家重点	省重点	中国红色名录	IUCN 红色名录	CITES 附录
II级		VU	NE	附录 II

建兰 秋兰

Cymbidium ensifolium (L.) Sw.

【科　　属】兰科兰属

【形态特征】多年生地生草本植物。假鳞茎卵球形。叶 2~6 成束；叶片带形，全缘，有光泽，先端急尖，具 3 条两面突起的主脉。总状花序具 5~10 花；花苞绿色或黄绿色，具清香，直径 4~5 cm；萼片具 5 条深色的脉，中萼片长椭圆状披针形，侧萼片稍镰刀状；花瓣长圆形，具 5 紫色的脉；唇瓣卵状长圆形，具红色斑点和短硬毛，不明显 3 裂，向下反卷，侧裂片长圆形，浅黄褐色，唇盘上具 2 半月形白色褶片。花期 7—10 月，一年有多次开花现象。

【生　　境】生于山坡林下或灌丛下腐殖质丰富的土壤中或碎石缝中。

【分　　布】莲都、青田、遂昌、云和、龙泉、庆元、景宁。

国家重点	省重点	中国红色名录	IUCN 红色名录	CITES 附录
II 级		LC	NE	附录 II

蕙兰　九节兰　九子兰　夏兰
Cymbidium faberi Rolfe

【科　　属】 **兰科兰属**

【形态特征】 多年生地生草本植物。假鳞茎不明显。叶 6~10 成束状丛生；叶片带形，革质，或多或少硬而直立或下弯，边缘具细锯齿，叶脉透明，中脉明显。总状花序具 9~18 花；花黄绿色或紫褐色，直径 5~7 cm，具香气；萼片狭长倒披针形，稍肉质；花瓣狭长披针形，基部具红线纹；唇瓣长圆形，苍绿色或浅黄绿色，具红色斑点，不明显 3 裂，中裂片椭圆形，向下反卷，边缘具不整齐的齿，皱褶呈波状，侧裂片直立，紫色，唇盘上有 2 弧形的褶片。花期 4—5 月。

【生　　境】 生于疏林下、灌丛中、山谷旁或草丛中。

【分　　布】 莲都、青田、缙云、遂昌、松阳、云和、龙泉、庆元、景宁。

国家重点	省重点	中国红色名录	IUCN 红色名录	CITES 附录
II 级		VU	NE	附录 II

多花兰

Cymbidium floribundum Lindl.

【科　　属】兰科兰属

【形态特征】多年生附生草本植物。假鳞茎卵状圆锥形，隐于叶丛中。叶 3~6 成束丛生；叶片坚纸质，带形，基部具明显关节，全缘。花葶较叶短，直立、稍斜出或下垂；总状花序密生 20~50 花；花无香气，红褐色；萼片近同形等长，狭长圆状披针形；花瓣长椭圆形，先端急尖，具紫褐色带黄色边缘；唇瓣卵状三角形，3 裂，中裂片近圆形，稍向下反卷，紫褐色，中部浅黄色，侧裂片半圆形，具紫褐色条纹，唇盘具 2 黄色平行褶片。花期 4—5 月，果期 7—8 月。

【生　　境】生于林缘或溪谷有覆土的岩石上。

【分　　布】莲都、青田、缙云、遂昌、松阳、云和、龙泉、庆元、景宁。

国家重点	省重点	中国红色名录	IUCN 红色名录	CITES 附录
Ⅱ级		VU	NE	附录Ⅱ

春兰 草兰

Cymbidium goeringii (Rchb. f.) Rchb. f.

【科　　属】兰科兰属

【形态特征】多年生地生草本植物。假鳞茎集生于叶丛中。叶基生，4~6 成束；叶片带形，先端锐尖，边缘略具细齿。花葶直立，具 1 花，稀 2 花；花淡黄绿色，具清香；萼片较厚，长圆状披针形，中脉紫红色，基部具紫纹；花瓣卵状披针形，具紫褐色斑点，中脉紫红色，先端渐尖；唇瓣乳白色，不明显 3 裂，中裂片向下反卷，先端钝，侧裂片较小，位于中部两侧，唇盘中央从基部至中部具 2 褶片。蒴果长椭圆柱形。花期 2—4 月，果期 4—6 月。

【生　　境】生于多石山坡、林缘、林中透光处。

【分　　布】莲都、青田、缙云、遂昌、松阳、云和、龙泉、庆元、景宁。

国家重点	省重点	中国红色名录	IUCN 红色名录	CITES 附录
Ⅱ级		VU	NE	附录Ⅱ

寒兰

Cymbidium kanran Makino

【科　　属】兰科兰属

【形态特征】多年生地生草本植物。假鳞茎卵球状棍棒形，隐于叶丛中。叶 4 或 5 成束；叶片带状，革质，深绿色，边缘近先端具细齿，叶脉在叶两面均突起。总状花序疏生 5~12 花；苞片披针形；花绿色或紫色，直径 6~8 cm，具香气；萼片条状披针形，中萼片稍宽；花瓣披针形，具 7 脉；唇瓣卵状长圆形，有时具红色或紫红色斑点，不明显 3 裂或不裂，唇盘从基部至中部具 2 平行的褶片。花期 10—12 月。

【生　　境】生于山坡林下、溪谷旁土壤腐殖质丰富之处。

【分　　布】莲都、遂昌、松阳、龙泉、庆元、景宁、青田、云和。

国家重点	省重点	中国红色名录	IUCN 红色名录	CITES 附录
II 级		EN	NE	附录 II

梵净山石斛

Dendrobium fanjingshanense Tsi ex X.H. Jin et Y.W. Zhang

【科　　属】 兰科石斛属

【形态特征】 多年生附生草本。茎细圆柱形，具多节。叶 5~8，在茎中部以上互生；叶片近革质，矩圆状披针形，先端稍钝，基部下延为抱茎的鞘。总状花序 2 至数朵；花黄褐色或橙黄色，花被片强烈反卷且边缘呈波状；花瓣近椭圆形，先端近钝；唇瓣橙黄色，不明显 3 裂，基部具 1 条淡紫色的胼胝体，唇盘在  两侧裂片之间密布短绒毛，近中裂片通常具深红色斑块；蕊柱乳白色；药帽近菱形，顶端浅 2 裂。花期 5 月上旬，果期 9—10 月。

【生　　境】 附生于海拔 500~700 m 的阔叶林中树干上。

【分　　布】 遂昌、景宁。

国家重点	省重点	中国红色名录	IUCN 红色名录	CITES 附录
Ⅱ级		NE	NE	附录Ⅱ

细茎石斛

Dendrobium moniliforme (L.) Sw.

【科　　属】兰科石斛属

【形态特征】多年生附生草本。茎通常长 10~35 cm，具多节。叶 3~8，常在茎的中部以上互生；叶片长圆状披针形，先端钝并且稍不等侧 2 裂。总状花序数个侧生于老茎上部，常具 1~4 花；花白色或黄绿色，直径 2~3 cm，有时芳香；萼片与花瓣近相似，近长圆状披针形，侧萼片偏斜；唇瓣白色，3 裂，基部常具 1 椭圆形胼胝体，唇盘在两侧裂片之间密布短柔毛，近中裂片基部通常具 1 淡褐色或浅黄色的斑块。花期 4—5 月，果期 7—8 月。

【生　　境】附生于林中树上或山谷岩壁上。

【分　　布】莲都、遂昌、龙泉、庆元、景宁。

国家重点	省重点	中国红色名录	IUCN 红色名录	CITES 附录
II级		CR	CR	附录 II

铁皮石斛　黑节草　黄石斛

Dendrobium officinale Kimura et Migo

【科　　属】兰科石斛属

【形态特征】多年生附生草本，植株高 8~30 cm。茎圆柱形，不分枝，具多节。叶 5~8，在茎中部以上互生；叶片纸质，长圆状披针形，基部下延为抱茎的鞘，叶鞘常具紫斑。总状花序 2 至多朵；苞片干膜质；花黄绿色至淡黄色，直径 2.5~4 cm；萼片和花瓣近相似；唇瓣白色，卵状披针形，不裂或不明显 3 裂，基部具 1 绿色或黄色的胼胝体，中部以下两侧具紫红色条纹，唇盘密布细乳突状的毛，在中部以上具紫红色斑块；蕊柱黄绿色。蒴果椭圆形。花期 5—6 月，果期 9—10 月。

【生　　境】附生于山地半阴湿的岩石上。

【分　　布】莲都、缙云。

国家重点	省重点	中国红色名录	IUCN 红色名录	CITES 附录
II 级		NE	NE	附录 II

罗氏石斛

Dendrobium luoi L. J. Chen & W. H. Rao

【科　　属】兰科石斛属

【形态特征】多年生附生植物。植株矮小。假鳞茎具 3 节。叶 2~3 枚，卵状狭椭圆形或狭长圆形，先端钝且不等侧二裂，基部扩大为鞘。单花生于茎上部节上；花苞片膜质，卵形；萼片及花瓣淡黄色；萼片狭卵状椭圆形；侧萼片卵状三角形；花瓣狭椭圆形；唇瓣不裂，倒卵状匙形，具紫褐色斑块，先端稍凹缺，中央具 3 条褶片从基部延伸至先端，褶片中间增粗并密具乳突状毛，唇盘上部具乳突状短毛。蕊柱黄白色。花期 5 月。

【生　　境】附生于丹霞地貌岩石上。

【分　　布】遂昌。

国家重点	省重点	中国红色名录	IUCN 红色名录	CITES 附录
		LC	NE	附录 II

单叶厚唇兰

Epigeneium fargesii (Finet) Gagnep.

【科　　属】兰科厚唇兰属

【形态特征】多年生附生草本。根状茎匍匐。假鳞茎斜升，卵形，顶生 1 叶。叶片革质，卵形或宽卵状椭圆形。花单生于假鳞茎顶端，紫红色而带白色；苞片小，膜质，位于花梗基部；中萼片卵形，先端急尖，侧萼片斜三角状卵形，基部与蕊柱足合生成萼囊；花瓣与中萼片近相似；唇瓣 3 裂，中部缢缩，分前后两部，前唇部阔倒卵状肾形，先端深凹，后唇部的两侧片半圆形；合蕊柱短，具长的蕊柱足。花期 4—5 月。

【生　　境】附生于溪沟岩石或林中树干上。

【分　　布】莲都、缙云、遂昌、龙泉、景宁、青田。

国家重点	省重点	中国红色名录	IUCN 红色名录	CITES 附录
		VU	NE	附录 II

尖叶火烧兰

Epipactis thunbergii A. Gray

【科　　属】兰科火烧兰属

【形态特征】多年生地生草本植物，植株高 30~65 cm。茎直立。叶多枚，由下而上渐小成苞片状；叶片长椭圆形至卵状披针形，长 4~11 cm，先端渐尖，基部鞘状抱茎。总状花序具数花至 10 余花；花黄绿色；萼片卵状披针形，具 5 脉；花瓣宽卵形，稍偏斜，先端钝圆，唇瓣分前后两部分，前部近圆形，边缘波状，先端钝，后部耳状，直立，上面具 2 条纵褶片。蒴果长椭圆柱状，下垂。花期6—7 月。

【生　　境】生于林缘、路旁或湿地草丛中。

【分　　布】莲都、青田、景宁。

国家重点	省重点	中国红色名录	IUCN 红色名录	CITES 附录
		VU	NE	附录 II

血红肉果兰 红果山珊瑚

Cyrtosia septentrionalis (Rchb. f.) Garay

【科　　属】兰科肉果兰属

【形态特征】高大腐生草本，高 30~170 cm。根状茎粗壮，近横走。茎直立，红褐色，下部近无毛，上部被锈色短绒毛。花序多顶生，具 4~9 花；花黄色，略带红褐色；萼片椭圆状卵形；花瓣与萼片相似；唇瓣近宽卵形，短于萼片，边缘有不规则齿缺或呈啮蚀状，内面沿脉上有毛状乳突或偶见鸡冠状褶片。果实肉质，不开裂，血红色，近长圆球形，长 7~13 cm。种子周围有狭翅。花期 6—7 月，果期 9—10 月。

【生　　境】生于针阔混交林下或沟边湿地。

【分　　布】莲都、遂昌、景宁。

国家重点	省重点	中国红色名录	IUCN 红色名录	CITES 附录
		VU	NE	附录 II

直立山珊瑚

Galeola falconeri J. D. Hooker

【科　　属】兰科山珊瑚属

【形态特征】高大腐生草本，半灌木状。茎直立，黄棕色，高
1 m 以上。圆锥花序由顶生与侧生总状花序组成；
侧生总状花序长 5~12 cm；花苞片、花梗密被锈
色短绒毛；花黄色；花瓣稍狭于萼片，无毛；唇
瓣宽卵形或近圆形，不裂，凹陷，下部两侧多少
围抱蕊柱，近基部处变狭并缢缩而形成小囊，边
缘有细流苏与不规则齿，内面密生乳突状毛；蕊
柱长 7~8 mm。花期 6—7 月，果期 9 月。

【生　　境】生于疏林下、稀疏灌丛中或沟谷边腐殖质丰富多
石处。

【分　　布】遂昌。

国家重点	省重点	中国红色名录	IUCN 红色名录	CITES 附录
		NT	NE	附录 II

台湾盆距兰

Gastrochilus formosanus (Hayata) Hayata

【科　　属】兰科盆距兰属

【形态特征】多年生附生草本。茎常细长，匍匐，常分枝。叶二列互生，绿色，常两面带紫红色斑点，稍肉质，长圆形或椭圆形，先端急尖。总状花序缩短成伞状，具 2 或 3 花；花葶侧生；花淡黄色带紫红色斑点；中萼片椭圆形，侧萼片与中萼片等大，斜长圆形；花瓣倒卵形，先端圆形；前唇白色，宽三角形或近半圆形，边缘全缘或稍波状，上面中央的垫状物黄色并且密布乳突状毛，后唇近杯状。花期 3—4 月。

【生　　境】附生于海拔 400~800 m 的林中树干或阴湿石壁上。

【分　　布】龙泉、景宁。

国家重点	省重点	中国红色名录	IUCN 红色名录	CITES 附录
		VU	NE	附录 II

黄松盆距兰

Gastrochilus japonicus (Makino) Schltr.

【科　　属】兰科盆距兰属

【形态特征】多年生附生草本。茎粗短。叶二列互生；叶片常长圆形，长 5~14 cm，基部具 1 关节和鞘，全缘或稍波状。总状花序缩短成伞状，具 4~10 花；花开展，萼片和花瓣淡黄绿色带紫红色斑点；中萼片和侧萼片相似而等大，倒卵状椭圆形或近椭圆形，先端钝；花瓣近似于萼片而较小；前唇白色，先端黄色，边缘啮蚀状或几乎全缘，中央的黄色垫状物带紫色斑点和被细乳突；后唇白色，近僧帽状或圆锥形，稍两侧压扁。花期 6—9 月。

【生　　境】附生于海拔约 300 m 的山沟林中树干上。

【分　　布】龙泉、景宁。

国家重点	省重点	中国红色名录	IUCN 红色名录	CITES 附录
II级		DD	VU	附录 II

天麻
Gastrodia elata Blume

【科　　属】兰科天麻属

【形态特征】多年生腐生草本，植株高 30~150 cm。块茎肥厚，长椭球形，横生。茎不分枝，直立，黄褐色。叶退化，鳞片状或鞘状，棕褐色，膜质。总状花序长 5~10 cm，具多花；苞片膜质，披针形；花淡黄色或绿黄色；萼片与花瓣合生成歪斜的筒状，口部偏斜，先端 5 齿裂，裂片三角形；唇瓣较小，白色，先端 3 裂，中裂片舌状，边缘流苏状，侧裂片耳状。蒴果倒卵球形。种子细而呈粉尘状。花期 7 月，果期 10 月。

【生　　境】生于海拔 800~1 420 m 的山坡阔叶林下或灌木丛中。

【分　　布】遂昌、龙泉、庆元。

国家重点	省重点	中国红色名录	IUCN 红色名录	CITES 附录
		LC	NE	附录 II

多叶斑叶兰

Goodyera foliosa (Lindl.) Benth. ex clarke

【科　　属】兰科斑叶兰属

【形态特征】多年生地生草本植物，植株高 15~25 cm。茎下部匍匐，上部直立，具 4~6 叶。叶片卵形至长圆形，绿色，基部扩大成抱茎的鞘。总状花序密生多朵花，常偏向一侧；花半张开，常白色带粉红；萼片狭卵形，背面被毛；花瓣斜菱形，先端钝，基部收狭，具爪与中萼片合生成兜状；唇瓣基部凹陷成囊状，囊半球形，内面具多数腺毛，前部舌状，先端略反曲，背面有时具红褐色斑块。花期 8—9 月。

【生　　境】生于林下或沟谷阴湿处。

【分　　布】景宁、庆元。

国家重点	省重点	中国红色名录	IUCN 红色名录	CITES 附录
		NT	NE	附录 Ⅱ

大花斑叶兰

Goodyera biflora (Lindl.) Hook. f.

【科　　属】兰科斑叶兰属

【形态特征】多年生地生草本植物，植株高 5~15 cm。
茎下部匍匐伸长成根状茎，基部具 4~6
叶。叶互生；叶片卵形，上面暗绿色，具
白色细斑纹，下面带红色。总状花序具
2~8 花；花黄色或淡红色，长筒状；萼片
披针形，具 3 脉，近等长，中萼片背面被
短柔毛；花瓣条形，和中萼片靠合成兜
状；唇瓣基部具囊，囊内面具刚毛，前部
外弯，边缘膜质，波状；花药长而细，药隔伸长。花期 6—7 月，果期 10 月。

【生　　境】生于山坡林下或山坡草地中。

【分　　布】遂昌、松阳、庆元、景宁、莲都。

国家重点	省重点	中国红色名录	IUCN 红色名录	CITES 附录
		VU	NE	附录 II

波密斑叶兰

Goodyera bomiensis K.Y. Lang

【科　　属】兰科斑叶兰属

【形态特征】多年生地生草本植物，植株高 19~30 cm。叶基生，密集成莲座状，5~6 枚；叶片卵圆形或卵形，上面绿色，具有不均匀的细脉和色斑连接成的白色斑纹。花葶细长，被棕色腺状柔毛；总状花序具 10~20 偏向一侧的花；花小，白色或淡黄白色，半张开；萼片白色，具 1 脉，中萼片与花瓣合生成兜状，侧萼片狭椭圆形；花瓣斜菱状倒披针形；唇瓣基部凹陷成囊状，在中脉两侧各具 2~4 乳头状突起，近基部具 1 纵向脊状褶片。花期 5—9 月。

【生　　境】生于山坡林下阴湿处。

【分　　布】景宁、遂昌、青田。

国家重点	省重点	中国红色名录	IUCN 红色名录	CITES 附录
		NT	NE	附录 II

斑叶兰

Goodyera schlechtendaliana Rchb. f.

【科　　属】兰科斑叶兰属

【形态特征】多年生地生草本植物，植株高 15~25 cm。茎上部直立，具长柔毛，基部具 4~6
叶。叶互生；叶片卵形或卵状披针形，上面绿色，具黄白色斑纹，下面淡绿色。
总状花序疏生多花；花白色，偏向同一侧；萼片外面被柔毛，具 1 脉，中萼片狭
椭圆状披针形，与花瓣黏合成兜状，侧萼片卵状披针形，长 7~10 mm，先端急
尖；花瓣倒披针形，具 1 脉；唇瓣基部囊状，基部围抱蕊柱。花期 9—10 月，果
期 10—11 月。

【生　　境】生于山坡林下。

【分　　布】莲都、青田、缙云、遂昌、松阳、云和、龙泉、庆元、景宁。

国家重点	省重点	中国红色名录	IUCN 红色名录	CITES 附录
		LC	NE	附录 II

绒叶斑叶兰

Goodyera velutina Maxim. ex Regel

【科　　属】兰科斑叶兰属

【形态特征】多年生地生草本植物，植株高 7~19 cm。茎直立，被柔毛，下部具叶多枚。叶片卵状长圆形，上面暗紫绿色，呈天鹅绒状，中脉白色或黄白色，下面淡红色。总状花序具数花；花白色或粉红色，偏向同一侧；萼片近等长，外面被柔毛，具 1 脉，中萼片长圆形，侧萼片长圆形，稍偏斜；花瓣长圆状菱形，与中萼片靠合成兜状；唇瓣凹陷成囊状，囊内面具毛。花期 7—10 月。

【生　　境】生于海拔 900~1 000 m 的山坡林下阴湿地或沟谷林下。

【分　　布】莲都、遂昌、松阳、龙泉、庆元、景宁。

国家重点	省重点	中国红色名录	IUCN 红色名录	CITES 附录
		LC	NE	附录 II

绿花斑叶兰

Goodyera viridiflora (Blume) Blume

【科　　属】兰科斑叶兰属

【形态特征】多年生地生草本植物，植株高 13~20 cm。茎直立，绿色，具 3~5 叶。叶片偏斜的卵形或卵状披针形，绿色，基部圆形，骤狭成柄。总状花序具 2~5 朵疏生的花；萼片红褐色，中萼片凹陷，与花瓣合生成兜状，侧萼片向后伸展；花瓣白色，先端带褐色，急尖，基部渐狭，具 1 脉，无毛；唇瓣卵形，舟状，基部绿褐色，凹陷，囊状，内面具密的腺毛，前部白色，舌状，向下作"之"字形弯曲，先端向前伸。花期 8—9 月。

【生　　境】常生于竹林下或沟边阴湿处。

【分　　布】莲都、青田、缙云、遂昌、松阳、云和、龙泉、景宁。

国家重点	省重点	中国红色名录	IUCN 红色名录	CITES 附录
		DD	NE	附录 II

裂瓣玉凤花

Habenaria petelotii Gagnep.

【科　　属】兰科玉凤花属

【形态特征】多年生地生草本植物，植株高 35~50 cm。茎集生 5 或 6 叶，下部具 2~4 筒状鞘。叶片椭圆形或椭圆状披针形。总状花序疏生 3 至数花，花淡绿色；萼片具 3 脉，中萼片卵形，舟状，侧萼片长圆状卵形；花瓣从基部 2 裂，2 裂片之间呈 120°角伸展，裂片条形；唇瓣 3 裂，裂片的边缘或多或少具缘毛；距下垂，中部以下向末端膨大成棒状，中部弧曲，末端钝。花期 5—6 月。

【生　　境】生于山坡沟谷林下。

【分　　布】景宁、青田。

国家重点	省重点	中国红色名录	IUCN 红色名录	CITES 附录
		LC	NE	附录 II

鹅毛玉凤花

Habenaria dentata (Sw.) Schltr.

【科　　属】兰科玉凤花属

【形态特征】多年生地生草本植物，植株高 35~90 cm。茎散生 3~5 叶，下部具 1~3 筒状鞘，上部具多枚披针形苞片状叶。叶片长圆形。总状花序密生 3 至多花；花白色；中萼片直立，舟状，具 5 脉，侧萼片斜卵形，具 3 脉；花瓣披针形，与中萼片相靠成兜状；唇瓣 3 裂，中裂片条形，侧裂片半圆形，先端具细齿，基部具距；距下垂，向前稍弧曲，向末端逐渐膨大。花期 8—9 月，果期 9—10 月。

【生　　境】生于林缘山坡、路旁和沟边草地。

【分　　布】莲都、遂昌、松阳、云和、龙泉、庆元、景宁。

国家重点	省重点	中国红色名录	IUCN 红色名录	CITES 附录
		LC	NE	附录 II

湿地玉凤花

Habenaria humidicola Rolfe

【科　　属】兰科玉凤花属

【形态特征】多年生地生草本植物，植株高 15~20 cm。茎直立，圆柱形，基部具 2 或 3 呈莲座状的叶。叶片披针状长圆形，先端近急尖或渐尖，基部抱茎。总状花序具数朵疏生的花；花小，绿色；中萼片直立，凹陷成舟状，与花瓣靠合成兜状，侧萼片反折；花瓣直立，条状长圆形，具 1 脉；唇瓣长 5~9 mm，基部 3 深裂；距细长，细圆筒状，下垂，长 8~13 mm，下部稍膨大，与子房等长或较长。花期 8—9 月。

【生　　境】生于林下或岩石阴处潮湿地。

【分　　布】景宁、遂昌。

国家重点	省重点	中国红色名录	IUCN 红色名录	CITES 附录
		NT	NE	附录 II

线叶十字兰　线叶玉凤花

Habenaria linearifolia Maxim.

【科　　属】兰科玉凤花属

【形态特征】多年生地生草本植物，植株高 25~80 cm。茎上散生多叶，叶自基部向上渐小成苞片状。中下部叶片条形，先端渐尖。总状花序具 8~20 余花；花白色或绿白色；中萼片宽卵形，兜状，具 5 脉，侧萼片斜卵形，具 6 脉，反折；花瓣卵形，具 3 脉，与中萼片相靠近，直立；唇瓣 3 深裂，侧裂片与中裂片近垂直，向前弯，先端撕裂成流苏状；距下垂，向末端逐渐膨大或突然膨大，细棒状。花期 6—8 月，果期 10 月。

【生　　境】生于山坡林缘和沟谷草丛中。

【分　　布】莲都、缙云、龙泉、庆元、景宁。

国家重点	省重点	中国红色名录	IUCN 红色名录	CITES 附录
		VU	NE	附录 II

短距槽舌兰
Holcoglossum flavescens (Schltr.) Tsi

【科　　属】兰科槽舌兰属

【形态特征】多年生腐生草本。茎被互相套叠的宿存叶鞘所包围，基部密生多条长的肉质气生根。叶通常 5~8；叶片针状，中脉上面具槽，先端急尖，叶片与鞘以关节相连。通常 1 花腋生，白色；花梗纤细，基部具 2 或 3 管状鞘；中萼片与花瓣相似，倒卵状长圆形，具 3 脉，先端急尖，侧萼片弯斜的卵状长圆形；唇瓣 3 裂，中裂片宽卵形，先端稍平截，中央微凹，侧裂片直立，斜三角形；距长角状。蒴果长椭圆形。花期 4—5 月，果期 8—9 月。

【生　　境】附生于海拔 800~1 200 m 的潮湿石壁上或阔叶林中树干上。

【分　　布】遂昌、龙泉、庆元。

国家重点	省重点	中国红色名录	IUCN 红色名录	CITES 附录
		LC	NE	附录 II

盂兰 日本皿柱兰

Lecanorchis japonica Blume

【科　　属】兰科盂兰属

【形态特征】多年生腐生草本，植株高 20~35 cm。根状茎肉质。茎绿色，果期变黑色，中下部具 4 枚鞘状叶；鞘膜质，抱茎。总状花序顶生，具 3~7 朵花；花梗和子房纤细；萼片倒披针形，先端钝；唇瓣基部有爪，爪的边缘与蕊柱合生成管，离生部分近倒卵形或倒卵状披针形，3 裂，侧裂片半卵形，中裂片宽椭圆形，边缘皱波状并有缺刻，上面密被白色流苏状附属物。蒴果直立，圆筒形。花期 5 月中下旬，果期 8 月。

【生　　境】生于林下阴湿处。

【分　　布】景宁。

国家重点	省重点	中国红色名录	IUCN 红色名录	CITES 附录
		DD	NE	附录 II

齿突羊耳蒜

Liparis rostrata Rchb. f.

【科　　属】兰科羊耳蒜属

【形态特征】多年生地生草本，高 20~45 cm。假鳞茎卵球形。叶 2 枚；叶片卵形或卵状椭圆形，先端急尖或钝尖，边缘平整，全缘；叶柄鞘状，围抱花葶下部。花序梗略扁，两侧有狭翅；总状花序具数朵花；苞片卵形；花淡紫色或绿紫色；萼片狭长圆状披针形或狭长圆形，先端钝，具 3 脉；侧萼片略斜歪；花瓣丝状或狭条形，具 1 脉；唇瓣宽倒卵形，先端具短尖，边缘有不规则齿，基部收狭；蕊柱长 3.0~3.5 mm。花期 4 月中旬至 6 月上旬。

【生　　境】生于林下阴湿处。

【分　　布】莲都、松阳、景宁。

国家重点	省重点	中国红色名录	IUCN 红色名录	CITES 附录
		LC	NE	附录 II

见血青

Liparis nervosa (Thunb. A. Murray) Lindl.

【科　　属】 **兰科羊耳蒜属**

【形态特征】 多年生地生草本，植株高 12~30 cm。假鳞茎聚生，圆柱形，肉质，暗绿色，具节。叶通常 2~5；叶片干后膜质，宽卵形或卵状椭圆形，先端渐尖，基部鞘状抱茎。花葶顶生；总状花序疏生 5~15 花；苞片小；花暗紫色；中萼片条形，先端钝，侧萼片卵状长圆形，稍偏斜，先端钝，通常扭曲反折；花瓣条状；唇瓣倒卵形，先端平截或钝头，中央微凹而具短尖头，中部弯曲反折，基部稍收狭，上面具 2 胼胝体；蕊柱长约 4 mm，上部具翅，近先端的翅钝圆。花期 5—6 月，果期 9—10 月。

【生　　境】 生于山坡路旁阔叶林缘。

【分　　布】 莲都、青田、缙云、遂昌、松阳、云和、龙泉、庆元、景宁。

国家重点	省重点	中国红色名录	IUCN 红色名录	CITES 附录
		CR	NE	附录 II

长苞羊耳蒜

Liparis inaperta Finet

【科　　属】兰科羊耳蒜属

【形态特征】多年生附生草本，植株高 3~8 cm。假
鳞茎串珠状，近球形，顶生 1 枚叶。叶
片近革质，椭圆形，长 3~7 cm，先端
急尖，具关节。花葶与叶几等长；总状
花序疏生 5~7 花；苞片披针形，长于花
梗连同子房长度；花浅黄绿色；中萼片
披针形，直立，侧萼片镰状长圆形，直
立，稍短于中萼片；花瓣镰状，与萼片

几等长；唇瓣对折，楔状卵形，先端几平截，有齿，中部稍缢缩；蕊柱弯曲，基
部扩大，上部具翅，先端的翅牙齿状，下弯。花期 9—11 月，果期翌年 5—6 月。

【生　　境】附生于沟谷岩石上。

【分　　布】松阳、青田。

国家重点	省重点	中国红色名录	IUCN 红色名录	CITES 附录
		LC	NE	附录 II

长唇羊耳蒜

Liparis pauliana Hand.-Mazz.

【科　　属】兰科羊耳蒜属

【形态特征】多年生地生草本，植株高 8~30 cm。假鳞茎聚生，卵圆形，肉质，1.5~3 cm，顶生 2 叶。叶片干厚膜质，椭圆形、卵状椭圆形或阔卵形，基部宽楔形，鞘状抱茎。总状花序疏生多花；苞片小，卵状三角形；花大，浅紫色；萼片几相似，狭长圆形；花瓣条形；唇瓣倒卵状长圆形，长 10~15 mm，宽 4~7 mm，先端圆形并具短尖，边缘全缘，基部具 1 微凹的胼胝体或有时不明显；蕊柱长 3.5~4.5 mm，向前弯曲，顶端具翅，基部扩大、肥厚。花期 4—5 月，果期 9—10 月。

【生　　境】生于林下阴湿处或具薄土的岩石上。

【分　　布】缙云、遂昌、龙泉、庆元、景宁。

国家重点	省重点	中国红色名录	IUCN 红色名录	CITES 附录
		VU	NE	附录 II

日本对叶兰

Listera japonica Blume

【科　　属】兰科对叶兰属

【形态特征】小型地生草本植物，植株通常高 15 cm。茎细长，有棱，近中部处具 2 对生叶。叶片卵状三角形，先端锐尖，基部近圆形或截形。总状花序顶生，具 5~7 花；花梗细长；花紫绿色；中萼片长椭圆形至椭圆形，先端急尖或钝，侧萼片斜卵形至卵状长椭圆形；花瓣长椭圆状条形；唇瓣楔形，长 6 mm，先端 2 叉裂，基部具 1 对耳状小裂片，耳状小裂片环绕蕊柱并在蕊柱后侧相互交叉，裂片先端叉开，条形，长约 4 mm。花期 4 月。

【生　　境】生于海拔 900~1 100 m 的山坡林下阴湿处。

【分　　布】庆元、景宁。

国家重点	省重点	中国红色名录	IUCN 红色名录	CITES 附录
		LC	NE	附录 II

纤叶钗子股

Luisia hancockii Rolfe

【科　　属】兰科钗子股属

【形态特征】多年生附生草本植物。植株高 10~20 cm。茎稍木质。叶互生，二列；叶片纤细，肉质，圆柱形。总状花序腋生，具 2 或 3 花；花黄绿带紫色；中萼片椭圆状长圆形，凹陷，先端钝，侧萼片较中萼片稍短；花瓣倒卵状匙形，先端钝，萼片和花瓣均具 5 脉；唇瓣肉质，长约 8 mm，宽约 4 mm，暗紫色，近中部稍缢缩，前部先端浅 2 裂，后部基部扩大成耳状，唇盘基部凹陷，具数条疣状突起。蒴果椭圆柱形。花期 5—6 月，果期 8 月。

【生　　境】附生于沟谷石壁上或山地疏生林中树干上。

【分　　布】青田、龙泉、庆元、景宁、缙云。

国家重点	省重点	中国红色名录	IUCN 红色名录	CITES 附录
		LC	NE	附录 II

浅裂沼兰

Malaxis acuminata D. Don

【科　　属】兰科沼兰属

【形态特征】多年生地生或半附生草本，植株高约 20 cm。假鳞茎近球形，肉质，被鞘状叶柄所包围。叶 2~5；叶片长圆形至长椭圆形，基部阔楔形，并下延成鞘状柄。花葶长 18~19 cm；总状花序具多花；花黄绿色；中萼片椭圆形，先端急尖，侧萼片宽椭圆形，先端钝；花瓣条形，先端平截，中央微凹或钝头；唇瓣位于上方，整个轮廓为卵状长圆形或倒卵状长圆形，长约 10 mm，基部下延成耳状围抱蕊柱，先端 2 浅裂。蒴果倒卵状长圆形。花期 6—7 月。

【生　　境】生于山谷林下、溪谷旁。

【分　　布】青田、景宁。

国家重点	省重点	中国红色名录	IUCN 红色名录	CITES 附录
		NT	NE	附录 II

小沼兰

Malaxis microtatantha (Schltr.) Tang et F.T. Wang

【科　　属】兰科沼兰属

【形态特征】多年生地生小草本，植株高 3~8 cm。假鳞茎球形，小，肉质。叶 1 枚，生于假鳞茎顶端；叶片稍肉质，近圆形、卵形或椭圆形。花葶纤细，长 2~2.8 cm，生于假鳞茎顶端；总状花序密生多花；花小，直径 1.5~2 mm，黄色，倒置，唇瓣在下方；萼片等长，长圆形，先端钝；花瓣条形或舌状披针形，稍短于萼片；唇瓣近先端 3 深裂，侧裂片条形，稍短于花瓣，中裂片三角状卵形，稍长于侧裂片。花期 3—4 月，果期 11 月。

【生　　境】生于海拔 50~800 m 的山坡林下或潮湿的岩石上。

【分　　布】缙云、遂昌、庆元、景宁、莲都、龙泉。

国家重点	省重点	中国红色名录	IUCN 红色名录	CITES 附录
		EN	NE	附录 II

风兰
Neofinetia falcata (Thunb. ex A. Murray) Hu

【科　　属】兰科风兰属

【形态特征】多年生附生草本植物，植株高 6~14 cm。茎具叶数枚。叶相互套叠成二列排列；叶片革质，条状长圆形，长 3~8 cm，通常呈"V"字形对折，基部具关节。总状花序腋生，疏生 3 或 4 花；花白色，芳香，直径 1.5~2 cm；萼片长披针形，中萼片较宽；花瓣和萼片近相似；唇瓣倒卵状椭圆形，先端 3 裂，中裂片半椭圆形，先端钝圆，侧裂片较小；距细长，长 3~5 cm，下垂，向前弧弯。花期 4—6月，果期 8 月。

【生　　境】附生于岩石或山地林中树干上。

【分　　布】莲都、松阳、云和、庆元、景宁。

国家重点	省重点	中国红色名录	IUCN 红色名录	CITES 附录
		VU	NE	附录 II

二叶兜被兰

Neottianthe cucullata (L.) Schltr.

【科　属】 兰科兜被兰属

【形态特征】 地生草本植物，植株高 6~20 cm。块茎圆球形或卵球形。茎直立，其上具 2 枚近对生的叶。叶片卵形、卵状披针形或椭圆形，长 3~7 cm。总状花序具 4~20 余花，偏向一侧；花紫红色或粉红色；萼片彼此紧密靠合成兜；花瓣披针状条形，具 1 脉，与萼片贴生；唇瓣向前伸展，上中部 3 裂，侧裂片条形，具 1 脉，中裂片较侧裂片长而稍宽。花期 8—9 月。

【生　境】 生于海拔 1 000~1 300 m 的山坡林下。

【分　布】 龙泉、遂昌、松阳。

国家重点	省重点	中国红色名录	IUCN 红色名录	CITES 附录
	·	NT	NE	附录 II

长叶山兰

Oreorchis fargesii Finet

【科　　属】兰科山兰属

【形态特征】多年生地生草本，植株高 20~45 cm。假鳞茎椭圆形至近球形。叶通常 2 枚；叶片条状披针形或条形，纸质，基部收狭成柄。花葶从假鳞茎侧面发出，直立，长 20~30 cm，中下部有 2 或 3 筒状鞘；总状花序具花 10~20 朵，白色并有紫纹；萼片披针形，侧萼片斜歪并略宽于中萼片；花瓣狭卵形至卵状披针形；唇瓣 3 裂，侧裂片条形，中裂片近倒卵形，唇盘具 1 短褶片状胼胝体；蕊柱基部肥厚并略扩大。蒴果狭椭圆形。花期 5—6 月，果期 9—10 月。

【生　　境】生于海拔 900~1 400 m 的山坡林缘、灌丛中或沟谷旁。

【分　　布】遂昌、庆元。

国家重点	省重点	中国红色名录	IUCN 红色名录	CITES 附录
		LC	NE	附录 II

长须阔蕊兰

Peristylus calcaratus (Rolfe) S.Y. Hu

【科　　属】兰科阔蕊兰属

【形态特征】多年生地生草本植物，植株高 20~48 cm。茎细长，无毛，近基部具 3 或 4 叶。叶片椭圆状披针形。总状花序具多花，密生或疏生。花小，绿色；萼片长圆形，中萼片直立，侧萼片开展；花瓣直立伸展，与中萼片相靠；唇瓣与花瓣基部合生，3 深裂，中裂片狭长圆状披针形，侧裂片叉开与中裂片呈近 90°的夹角，细长条形，长可达 1.5 cm，在侧裂片基部有 1 脊，将唇瓣分为上唇和下唇两部分，基部具距；距棒状或纺锤形，下垂。花期 9—10 月。

【生　　境】生于海拔 100~500 m 的山坡灌丛或竹林中。

【分　　布】庆元、莲都、缙云、遂昌、景宁。

国家重点	省重点	中国红色名录	IUCN 红色名录	CITES 附录
		LC	NE	附录 II

黄花鹤顶兰　斑叶鹤顶兰

Phaius flavus (Blume) Lindl.

【科　　属】兰科鹤顶兰属

【形态特征】多年生地生草本，植株高 30~100 cm。假鳞茎卵状圆锥形，长 5~6 cm，具 2~3
　　　　　　节。叶 5~8，紧密互生于假鳞茎上部；叶片椭圆状披针形，常具黄色斑块，基部
　　　　　　收狭成鞘状柄。总状花序具数花；花黄色，直径约 6 cm；萼片几同形，长圆形；
　　　　　　花瓣与萼片几相似；唇瓣管状，直立，围抱蕊柱，先端皱波状，不明显 3 裂；距
　　　　　　白色，长 4~6 mm。蒴果圆柱形，长约 3 cm。花期 5—6 月。

【生　　境】生于山谷沟边和山坡林下阴湿处。

【分　　布】莲都、青田、遂昌、龙泉、庆元、景宁。

国家重点	省重点	中国红色名录	IUCN 红色名录	CITES 附录
		LC	NE	附录 II

细叶石仙桃

Pholidota cantonensis Rolfe

【科　　属】兰科石仙桃属

【形态特征】多年生附生草本，植株高 10 cm 左右。根状茎长而匍匐。假鳞茎疏生于根状茎上，卵球形至卵状长圆球形，顶端具 2 叶。叶片革质，条状披针形，叶脉明显。花葶着生于幼假鳞茎顶端；总状花序具花 10 余朵，二列状；苞片卵状长圆形，开花时脱落；花小，白色或淡黄色；萼片椭圆状长圆形，具 1 脉；花瓣卵状长圆形，与萼片等长，但较宽；唇瓣兜状；蕊柱短，长约 3 mm，顶端具 3 浅裂的翅。蒴果椭圆形。花期 3—4 月，果期 8 月。

【生　　境】多附生于沟谷或林下石壁上。

【分　　布】莲都、青田、云和、庆元、景宁、松阳、龙泉。

国家重点	省重点	中国红色名录	IUCN 红色名录	CITES 附录
		NT	NE	附录 II

东亚舌唇兰　小花蜻蜓兰

Platanthera ussuriensis (Regel et Maack) Maxim.

【科　　属】兰科舌唇兰属

【形态特征】地生草本植物，植株高 20~55 cm。根状茎肉质，指状。茎直立，通常较纤细，下部具叶 2~3 枚，向上渐小，呈苞片状。大叶片匙形或狭长圆形，直立伸展，基部收狭成抱茎的鞘。总状花序疏生多数花；花苞片直立伸展，狭披针形；花较小，淡黄绿色；中萼片直立，凹陷成舟状，宽卵形，侧萼片张开或反折；花瓣直立，与中萼片相靠合；唇瓣舌状，基部 3 裂，中裂片舌状条形；距纤细，细圆筒状，下垂，与子房近等长，向末端几乎不增粗。花期 7—8 月，果期 9—10 月。

【生　　境】生于山坡林下、林缘或沟边阴湿地。

【分　　布】莲都、缙云、遂昌、松阳、云和、龙泉、庆元、景宁。

国家重点	省重点	中国红色名录	IUCN 红色名录	CITES 附录
		LC	NE	附录 II

密花舌唇兰

Platanthera hologlottis Maxim.

【科　　属】 兰科舌唇兰属

【形态特征】 地生或湿生草本植物，植株高 57~80 cm。根状茎肉质，指状。茎细长，直立，下部具 4~6 大型叶，向上渐小成苞片状。叶片常条状披针形，基部呈短鞘状抱茎。总状花序具多数密生的花；苞片条状披针形；花白色，芳香；中萼片直立，舟状，卵形或椭圆形；侧萼片反折，偏斜，椭圆状卵形；花瓣先端钝，具 5 脉，与中萼片靠合成兜状；唇瓣舌形或舌状披针形，稍肉质；距下垂，纤细，圆筒状，长于子房。花期 6—7 月。

【生　　境】 生于海拔 900~1 100 m 的山沟潮湿草地中。

【分　　布】 莲都、青田、缙云、景宁。

国家重点	省重点	中国红色名录	IUCN 红色名录	CITES 附录
		LC	NE	附录 II

小舌唇兰

Platanthera minor (Miq.) Rchb. f.

【科　　属】兰科舌唇兰属

【形态特征】地生草本植物，植株高 20~60 cm。根状茎膨大成块茎状，椭圆球形或纺锤形。茎直立，具 2 或 3 大型叶，叶由下向上渐小呈苞片状。叶片椭圆形或长圆状披针形，基部鞘状抱茎。总状花序疏生多花；苞片卵状披针形；花淡黄绿色；中萼片宽卵形，侧萼片椭圆形，稍偏斜，反折；花瓣斜卵形，基部一侧稍扩大；唇瓣舌状，长 5~7 mm，肉质，下垂；距细筒状，下垂，稍向前弧曲。花期 5—7 月。

【生　　境】生于山坡林下或草地上。

【分　　布】缙云、遂昌、云和、龙泉、庆元、景宁。

国家重点	省重点	中国红色名录	IUCN 红色名录	CITES 附录
Ⅱ级		VU	VU	附录Ⅱ

台湾独蒜兰
Pleione formosana Hayata

【科　　属】兰科独蒜兰属

【形态特征】多年生半附生或附生草本，植株高 10~25 cm。假鳞茎卵球形，绿色或暗紫色，顶端具 1 叶。叶片椭圆形或倒披针形，纸质。花叶同现；花紫红色或粉红色，稀白色；唇瓣色泽常略浅于花瓣，上面具有黄色、红色或褐色斑，略芳香；萼片与花瓣等长，近同形，狭披针形；唇瓣宽阔，基部楔形，先端不明显 3 裂，侧裂片先端圆钝，中裂片半圆形；蕊柱长线形，顶端扩大成鞘。蒴果纺锤形。花期 5—6 月，果期 9—10 月。

【生　　境】生于海拔 400~1 500 m 的林下或林缘富含腐殖质的岩石上。

【分　　布】莲都、青田、缙云、遂昌、松阳、云和、龙泉、庆元、景宁。

国家重点	省重点	中国红色名录	IUCN 红色名录	CITES 附录
		NT	NE	附录 II

朱兰
Pogonia japonica Rchb. f.

【科　　属】兰科朱兰属

【形态特征】多年生地生草本植物，植株高 10~25 cm。根状茎短小，具细长肉质根。茎细长，直立，在中部或中部以上具 1 叶。叶片长圆状披针形。单花，顶生，淡紫红色；苞片较子房长；萼片和花瓣几同形等长，狭长圆状倒披针形；唇瓣 3 裂，中裂片较长，舌状，边缘具流苏状锯齿，侧裂片较短，基部至中裂片先端具 2 纵褶片，褶片在中裂片上具明显鸡冠状突起；蕊柱长约 7 mm，稍弯曲。花期 5—6 月，果期 8—9 月。

【生　　境】生于山顶、湿地草灌丛中或山谷林下。

【分　　布】莲都、青田、缙云、遂昌、龙泉、庆元。

国家重点	省重点	中国红色名录	IUCN 红色名录	CITES 附录
		EN	NE	附录 II

短茎萼脊兰

Sedirea subparishii (Tsi) Christenson

【科　　属】兰科萼脊兰属

【形态特征】多年生附生草本植物。茎被对折的叶基所包围,下部丛生气生根。叶 3~5,二列;叶片稍肉质,长圆形,基部收窄抱茎。总状花序疏生 4~10 余花;花淡黄绿色;萼片和花瓣近相似,长椭圆形,稍肉质,开展,具 7 脉,先端急尖,萼片背面中肋具脊状翅;唇瓣 3 裂,中裂片肉质,狭长圆形,从基部至先端具一高约 1.5 mm 的褶片,侧裂片直立,半圆形,距口处具 1 圆锥状胼胝体。蒴果长椭圆球形。花期 5—6 月,果期 9 月。

【生　　境】附生于海拔 300~1 100 m 的常绿阔叶林的树干上。

【分　　布】莲都、遂昌、龙泉、庆元、景宁。

国家重点	省重点	中国红色名录	IUCN 红色名录	CITES 附录
		NE	NE	附录 II

香港绶草

Spiranthes hongkongensis S.Y. Hu et Barretto

【科　　属】兰科绶草属

【形态特征】多年生地生草本植物，植株高 12~43 cm。叶 2~6，条形至倒披针形，先端锐尖。花序长 3.5~13 cm，具多数呈螺旋状排列的小花；花白色；中萼片长圆形，与花瓣靠合成兜状，外表面被腺状短柔毛，先端钝，侧萼片长披针形，外表面被腺状短柔毛，先端钝；唇瓣长圆形，先端平截，皱缩，基部全缘，中部以上呈啮齿皱波状，表面具皱波纹和硬毛，基部稍凹陷，呈浅囊状；子房绿色，被腺状短柔毛。花期 7—8 月。

【生　　境】生于海拔 300~950 m 的溪谷林缘、沟边草地中。

【分　　布】莲都、庆元、景宁、青田、缙云、遂昌、龙泉。

国家重点	省重点	中国红色名录	IUCN 红色名录	CITES 附录
		LC	LC	附录 II

绥草 盘龙参

Spiranthes sinensis (Pers.) Ames

【科　　属】兰科绥草属

【形态特征】小型地生草本植物，植株高 15~45 cm。茎基部簇生数条肉质根。叶 2~8；叶片稍肉质，条状倒披针形或条形，上部叶渐小，呈苞片状。穗状花序长 4~20 cm，具多数呈螺旋状排列的小花；花粉红色或紫红色；萼片几等长，与花瓣靠合成兜状；花瓣与萼片等长；唇瓣长圆形，先端平截，皱缩，基部全缘，中部以上呈啮齿皱波状，表面具皱波纹和硬毛，基部稍凹陷，呈浅囊状，囊内具 2 突起。花期5—9 月。

【生　　境】生于林缘、路边或湿地草丛中。

【分　　布】莲都、青田、缙云、遂昌、松阳、云和、龙泉、庆元、景宁。

国家重点	省重点	中国红色名录	IUCN 红色名录	CITES 附录
		LC	NE	附录 II

带叶兰　蜘蛛兰

Taeniophyllum glandulosum Blume

【科　　属】兰科带叶兰属

【形态特征】小型附生草本植物，无绿叶，具发达的根。茎几无。根极多，稍扁而弯曲，附生于树干表皮。总状花序具 1~4 花；花黄绿色，小；萼片和花瓣在中部以下合生成筒状，上部离生，萼片卵状披针形，在背面中肋呈龙骨状隆起；花瓣卵形，先端锐尖；唇瓣卵状披针形，先端具 1 倒钩的刺状附属物；距短囊袋状，距口前缘具 1 肉质横隔。蒴果圆柱形。花期 4—7 月，果期 6—10 月。

【生　　境】常附生于海拔 450~900 m 的山地林中树干上。

【分　　布】龙泉、景宁、遂昌。

国家重点	省重点	中国红色名录	IUCN 红色名录	CITES 附录
		NT	NE	附录 II

带唇兰

Tainia dunnii Rolfe

【科　　属】兰科带唇兰属

【形态特征】多年生土生草本植物，植株高 32~60 cm。假鳞茎较密集，长圆柱形，紫褐色，顶生 1 叶。叶具长柄；叶片长椭圆状披针形。花葶直立，从假鳞茎侧边的根状茎上长出，高 30~60 cm，纤细；总状花序疏生 10 余花；苞片条状披针形，短于子房；花淡黄色；中萼片披针形，侧萼片与花瓣几等长，镰状披针形；唇瓣长圆形，3 裂，侧裂片镰状长圆形，中裂片横椭圆形，上有 3 短褶片；蕊柱棍棒状，弧曲。花期 5 月，果期 7 月。

【生　　境】生于海拔 350~800 m 的山谷沟边或山坡林下。

【分　　布】莲都、青田、缙云、遂昌、松阳、云和、龙泉、庆元、景宁。

国家重点	省重点	中国红色名录	IUCN 红色名录	CITES 附录
		NT	NE	附录 II

长轴白点兰
Thrixspermum saruwatarii (Hayata) Schltr.

【科　　属】兰科白点兰属

【形态特征】多年生附生草本植物。茎直立或斜立。叶二列，密集而斜立；叶片革质，长圆状镰刀形，长 4~10 cm，先端不等侧 2 裂。总状花序侧生，疏生 1 至数花；花序轴稍折曲而向上增粗；花白色或黄绿色，后变为乳黄色；中萼片椭圆形，侧萼片稍斜卵形，与中萼片近等大；花瓣狭椭圆形；唇瓣小，3 裂，基部浅囊状，侧裂片长椭圆形，内面具许多橘红色条纹，中裂片肉质，红棕色，小，唇盘基部密布红紫色或金黄色毛。花期 3—4 月。

【生　　境】附生于溪谷边灌木枝干上。

【分　　布】遂昌、龙泉、景宁。

国家重点	省重点	中国红色名录	IUCN 红色名录	CITES 附录
II 级		NT	NE	附录 II

杜鹃兰

Cremastra appendiculata (D. Don) Makino

【科　　属】兰科杜鹃兰属

【形态特征】多年生地生草本，植株高可达 20~50 cm。假鳞茎卵球形，通常具 2 节，外被膜质鳞片。叶通常 1 枚，生于假鳞茎顶端；叶片椭圆形至长圆形；叶柄长 6~12 cm。花葶侧生于假鳞茎上部的节上；总状花序具 10~20 花，偏向同一侧，芳香；花玫瑰色或淡紫红色，长管状，悬垂；萼片和花瓣几同形，条状披针形；唇瓣倒披针形，先端 3 裂，侧裂片小，条形，中裂片大，三角状卵形。蒴果椭圆形，下垂。花期 5—6 月，果期 9—10 月。

【生　　境】生于海拔 800~1 000 m 的沟谷和林下湿地。

【分　　布】景宁、龙泉、云和。

参考文献

陈冬东，李镇清，2020. 极小种群野生植物生存力分析：方法、问题与展望［J］. 生物多样性，28（3）：
　　358-366.

邓小祥，陈怡科，饶文辉，等，2016. 罗氏石斛，中国兰科一新种［J］. 植物科学学报，34（1）：9-12.

杜有新，吴伟建，刘跃钧，等，2018. 不同生境下景宁玉兰灌丛萌株形态及其生殖特征［J］. 生态学报，38
　　（23）：8417-8424.

洪德元，葛颂，张大明，等，1994. 植物濒危机制研究的原理和方法［C］. // 中国科学院生物多样性委员会、
　　林业部野生动物和森林植物保护司，中国植物学会青年工作委员会. 生物多样性研究进展：首届全国生物多
　　样性保护与持续利用研讨会论文集. 北京.

黄宏文，张征，2012. 中国植物引种栽培及迁地保护的现状与展望［J］. 生物多样性，20（5）：559-571.

蒋志刚，覃海宁，刘忆南，等，2015. 保护生物多样性，促进可持续发展：纪念《中国生物物种名录》和《中
　　国生物多样性红色名录》发布［J］. 生物多样性，23（3）：433-434.

丽水市生态林业发展中心，浙江省林业监测中心，2020. 丽水市野生动植物资源公报（内部资料）.

林峰，谢文远，王健生，等，2021. 浙江兰科植物新资料［J］. 浙江林业科技，41（6）：79-85.

刘日林，梅中海，张芬耀，等，2014. 浙江兰科新记录属：对叶兰属［J］. 亚热带植物科学，43（3）：
　　236-237.

马永鹏，孙卫邦，2015. 极小种群野生植物抢救性保护面临的机遇与挑战［J］. 23（3）：430-432.

梅笑漫，刘鹏，2004. 浙江丽水地区珍稀濒危植物区系研究与保护［J］. 广西植物，24（3）：214-219.

彭少麟，汪殿蓓，李勤奋，2002. 植物种群生存力分析研究进展［J］. 生态学报，22（12）：2175-2185.

任海，王俊，陆宏芳，2014. 恢复生态学的理论与研究进展［J］. 生态学报，34（15）：4117-4124.

宋盛，谢文远，何伟平，等，2019. 浙江省石松类药用植物资源调查与分析［J］. 浙江林业科技，39（4）：
　　42-47.

孙卫邦，韩春艳，2015. 论极小种群野生植物的研究及科学保护［J］. 生物多样性，23（3）：426-429.

王昌腾，2010. 丽水市国家重点保护野生植物资源及开发利用［J］. 种子，29（11）：64-66.

王崇云，1998. 植物的交配系统与濒危植物的保护繁育策略［J］. 生物多样性，6（4）：298-303.

汪越，易慧琳，邵玲，等，2017. 紫背天葵（*Begonia fimbristipula* Hance）回归植株存活及叶片生物学特性研

究〔J〕.生态科学，36（2）：32–41.

王峥峰，彭少麟，任海，2005.小种群的遗传变异和近交衰退〔J〕.植物遗传资源学报，6（1）：101–107.

徐洪峰，谢文远，刘西，等，2021.浙江兰科植物新记录（Ⅱ）〔J〕.浙江林业科技，41（5）：74–79.

徐燕云，郭水良，王昌腾，等，2003.丽水珍稀濒危植物区系特征分析〔J〕.浙江林业科技，23（2）：41–44.

吴征镒，1991.中国种子植物属的分布区类型〔J〕.云南植物研究，增刊Ⅳ：1–139.

杨文忠，向振勇，张珊珊，等，2015.极小种群野生植物的概念及其对我国野生植物保护的影响〔J〕.生物多样性，23（3）：419–425.

于永福，1999.中国野生植物保护工作的里程碑：《国家重点保护野生植物名录（第一批）》出版〔J〕.植物杂志（5）：3–11.

张若蕙，1994.浙江珍稀濒危植物〔M〕.杭州：浙江科学技术出版社：中国科学院植物研究所.

周桔，杨明，文香英，等，2021.加强植物迁地保护，促进植物资源保护和利用〔J〕.中国科学院院刊，36（4）：417–424.

朱圣潮，徐燕云，王昌腾，2003.浙江丽水生态示范区的野生珍稀植物资源〔J〕.植物资源与环境学报，12（2）：62–64.

《浙江植物志（新编）》编辑委员会，2021—2022.浙江植物志（新编）：1~10卷〔M〕.杭州：浙江科学技术出版社.

附 表

丽水市珍稀濒危保护植物名录

序号	科名	属名	中名	拉丁学名	国家重点	省重点	中国红色名录	IUCN红色名录	CITES附录	分布
1	石松科	石杉属	长柄石杉	*Huperzia javanica*	II级		EN	NE		莲都、青田、缙云、遂昌、松阳、云和、龙泉、庆元、景宁
2	石松科	石杉属	四川石杉	*Huperzia sutchueniana*	II级		NT	NE		遂昌、龙泉、庆元、景宁
3	石松科	马尾杉属	柳杉叶马尾杉	*Phlegmariurus cryptomerinus*	II级		NT	NE		莲都、遂昌、松阳、云和、龙泉、庆元、景宁
4	石松科	马尾杉属	福氏马尾杉	*Phlegmariurus fordii*	II级		LC	NE		庆元、景宁
5	石松科	马尾杉属	闽浙马尾杉	*Phlegmariurus mingchegensis*	II级		LC	NE		莲都、青田、缙云、遂昌、松阳、云和、龙泉、庆元、景宁
6	水韭科	水韭属	东方水韭	*Isoëtes orientalis*	I级		CR	NE		松阳
7	水韭科	水韭属	中华水韭	*Isoëtes sinensis*	I级		EN	CR		莲都、缙云、松阳
8	松叶蕨科	松叶蕨属	松叶蕨	*Psilotum nudum*		√	VU	NE		莲都、青田、缙云、景宁
9	合囊蕨科	观音座莲属	福建观音座莲	*Angiopteris fokiensis*	II级		LC	NE		松阳、景宁、庆元、遂昌
10	蚌壳蕨科	金毛狗属	金毛狗	*Cibotium barometz*	II级		LC	NE	附录II	景宁、青田
11	桫椤科	桫椤属	粗齿桫椤	*Alsophila denticulata*			LC	NE	附录II	景宁
12	水蕨科	水蕨属	水蕨	*Ceratopteris thalictroides*	II级		VU	LC		莲都、青田
13	鳞毛蕨科	复叶耳蕨属	无鳞毛枝蕨	*Arachniodes sinomiqueliana*			EN	NE		遂昌
14	鳞毛蕨科	鳞毛蕨属	东京鳞毛蕨	*Dryopteris tokyoensis*			EN	NE		景宁
15	鳞毛蕨科	鳞毛蕨属	黄山鳞毛蕨	*Dryopteris whangshanensis*			EN	NE		遂昌、龙泉、庆元、景宁
16	鳞毛蕨科	耳蕨属	卵状鞭叶蕨	*Polystichum conjunctum*			VU	NE		松阳、景宁
17	松科	冷杉属	百山祖冷杉	*Abies beshanzuensis*	I级		CR	CR		庆元
18	松科	油杉属	江南油杉	*Keteleeria fortunei* var. *cyclolepis*		√	LC	NE		莲都、遂昌、松阳、龙泉、庆元、景宁
19	松科	黄杉属	黄杉	*Pseudotsuga sinensis*	II级		LC	VU		莲都、龙泉、庆元
20	柏科	福建柏属	福建柏	*Fokienia hodginsii*	II级		VU	VU		缙云、遂昌、松阳、云和、龙泉、庆元、景宁
21	罗汉松科	竹柏属	竹柏	*Nageia nagi*		√	EN	NT		云和、龙泉

（续表）

序号	科名	属名	中名	拉丁学名	国家重点	省重点	中国红色名录	IUCN红色名录	CITES附录	分布
22	罗汉松科	罗汉松属	罗汉松	*Podocarpus macrophyllus*	Ⅱ级		VU	LC		莲都、青田、缙云、遂昌、松阳、龙泉、景宁
23	罗汉松科	罗汉松属	百日青	*Podocarpus neriifolius*	Ⅱ级		VU	LC	附录Ⅲ	松阳、龙泉、景宁
24	红豆杉科	穗花杉属	穗花杉	*Amentotaxus argotaenia*	Ⅱ级		LC	NT		龙泉
25	红豆杉科	白豆杉属	白豆杉	*Pseudotaxus chienii*	Ⅱ级		VU	VU		缙云、遂昌、松阳、龙泉、庆元
26	红豆杉科	红豆杉属	红豆杉	*Taxus chinensis*	Ⅰ级		VU	EN	附录Ⅱ	龙泉
27	红豆杉科	红豆杉属	南方红豆杉	*Taxus mairei*	Ⅰ级		VU	VU	附录Ⅱ	莲都、青田、缙云、遂昌、松阳、云和、龙泉、庆元、景宁
28	红豆杉科	榧属	榧树	*Torreya grandis*	Ⅱ级		LC	LC		莲都、青田、缙云、遂昌、松阳、云和、龙泉、庆元、景宁
29	红豆杉科	榧属	长叶榧	*Torreya jackii*	Ⅱ级		VU	EN		莲都、青田、缙云、遂昌、松阳、云和、龙泉、庆元、景宁
30	红豆杉科	榧属	九龙山榧	*Torreya jiulongshanensis*	Ⅱ级		CR	NE		莲都、遂昌、松阳、龙泉
31	胡桃科	枫杨属	华西枫杨	*Pterocarya macroptera var. insignis*		√	LC	NE		遂昌、龙泉、庆元
32	桦木科	鹅耳枥属	天台鹅耳枥	*Carpinus tientaiensis*	Ⅱ级		CR	CR		青田、景宁
33	桦木科	铁木属	多脉铁木	*Ostrya multinervis*		√	LC	LC		龙泉、庆元、景宁
34	壳斗科	栎属	尖叶栎	*Quercus oxyphylla*	Ⅱ级		LC	NT		龙泉、景宁
35	榆科	榆属	长序榆	*Ulmus elongata*	Ⅱ级		EN	VU		遂昌、松阳、云和、庆元、景宁
36	榆科	榉属	榉树	*Zelkova schneideriana*	Ⅱ级		NT	VU		莲都、青田、缙云、遂昌、松阳、云和、龙泉、庆元、景宁
37	荨麻科	冷水花属	闽北冷水花	*Pilea gracilis* subsp. *fujianensis*			VU	NE		莲都、青田、遂昌、松阳、云和、龙泉、庆元、景宁
38	马兜铃科	马兜铃属	通城虎	*Aristolochia fordiana*			VU	NE		莲都、松阳、云和、龙泉、景宁
39	马兜铃科	马兜铃属	福建马兜铃	*Aristolochia fujianensis*			VU	NE		龙泉、庆元
40	马兜铃科	细辛属	祁阳细辛	*Asarum magnificum*			VU	NE		莲都、缙云、遂昌、松阳、龙泉
41	马兜铃科	细辛属	细辛	*Asarum sieboldii*			VU	NE		莲都、青田、景宁
42	蓼科	荞麦属	金荞麦	*Fagopyrum dibotrys*	Ⅱ级		LC	NE		莲都、青田、缙云、遂昌、松阳、云和、龙泉、庆元、景宁
43	石竹科	孩儿参属	孩儿参	*Pseudostellaria heterophylla*		√	LC	NE		莲都、青田、缙云、遂昌、松阳、云和、龙泉、庆元、景宁

（续表）

序号	科名	属名	中名	拉丁学名	国家重点	省重点	中国红色名录	IUCN红色名录	CITES附录	分布
44	睡莲科	芡属	芡实	*Euryale ferox*		√	LC	LC		莲都
45	睡莲科	睡莲属	睡莲	*Nymphaea tetragona*		√	NE	LC		莲都、龙泉、缙云
46	莼菜科	莼菜属	莼菜	*Brasenia schreberi*	II级		CR	LC		青田、遂昌、龙泉、庆元、景宁
47	连香树科	连香树属	连香树	*Cercidiphyllum japonicum*	II级		LC	LC		遂昌
48	毛茛科	铁线莲属	舟柄铁线莲	*Clematis dilatata*		√	NT	NE		莲都、青田、缙云、松阳、龙泉、庆元、景宁
49	毛茛科	铁线莲属	重瓣铁线莲	*Clematis florida* var. *flore-pleno*		√	LC	NE		庆元、景宁
50	毛茛科	黄连属	短萼黄连	*Coptis chinensis* var. *brevisepala*	II级		EN	NE		莲都、青田、遂昌、松阳、云和、龙泉、庆元、景宁
51	毛茛科	唐松草属	微毛爪哇唐松草	*Thalictrum javanicum* var. *puberulum*			VU	NE		缙云
52	木通科	猫儿屎属	猫儿屎	*Decaisnea insignis*		√	LC	NE		遂昌、龙泉、景宁
53	小檗科	鬼臼属	六角莲	*Dysosma pleiantha*	II级		NT	NE		莲都、青田、缙云、遂昌、松阳、云和、龙泉、庆元、景宁
54	小檗科	鬼臼属	八角莲	*Dysosma versipellis*	II级		VU	VU		遂昌、龙泉、景宁
55	小檗科	淫羊藿属	黔岭淫羊藿	*Epimedium leptorrhizum*		√	NT	NE		莲都、青田、遂昌、云和、龙泉、庆元、景宁
56	小檗科	淫羊藿属	箭叶淫羊藿	*Epimedium sagittatum*		√	NT	NE		莲都、青田、缙云、遂昌、松阳、云和、龙泉、庆元、景宁
57	木兰科	木兰属	天目木兰	*Magnolia amoena*		√	VU	VU		龙泉、庆元
58	木兰科	木兰属	景宁木兰	*Magnolia sinostellata*		√	CR	EN		莲都、青田、松阳、云和、景宁
59	木兰科	木兰属	凹叶厚朴	*Magnolia officinalis* subsp. *biloba*	II级		LC	EN		莲都、青田、缙云、遂昌、松阳、云和、龙泉、庆元、景宁
60	木兰科	木兰属	天女木兰	*Magnolia sieboldii*		√	NT	LC		遂昌、龙泉、庆元
61	木兰科	鹅掌楸属	鹅掌楸	*Liriodendron chinense*	II级		LC	NT		莲都、遂昌、松阳、云和、龙泉、庆元、景宁
62	木兰科	含笑属	金叶含笑	*Michelia foveolata*			EN	DD		庆元
63	木兰科	含笑属	野含笑	*Michelia skinneriana*		√	LC	NE		遂昌、松阳、云和、龙泉、庆元、景宁、青田
64	木兰科	拟单性木兰属	乐东拟单性木兰	*Parakmeria lotungensis*		√	VU	EN		缙云、遂昌、松阳、龙泉、庆元、景宁

（续表）

序号	科名	属名	中名	拉丁学名	国家重点	省重点	中国红色名录	IUCN红色名录	CITES附录	分布
65	樟科	樟属	浙江樟	*Cinnamomum chekiangense*			VU	NE		莲都、缙云、遂昌、松阳、龙泉、庆元、景宁
66	樟科	樟属	沉水樟	*Cinnamomum micranthum*		√	VU	LC		龙泉、庆元、景宁
67	樟科	楠属	闽楠	*Phoebe bournei*	Ⅱ级		VU	NT		莲都、青田、遂昌、松阳、龙泉、庆元、景宁
68	樟科	楠属	浙江楠	*Phoebe chekiangensis*	Ⅱ级		VU	VU		莲都、松阳、龙泉、庆元、景宁
69	十字花科	阴山荠属	武功山泡果荠	*Hilliella hui*			VU	NE		莲都、庆元、云和
70	钟萼木科	钟萼木属	钟萼木	*Bretschneidera sinensis*	Ⅱ级		NT	EN		莲都、青田、遂昌、松阳、云和、龙泉、庆元、景宁
71	绣球花科	蛛网萼属	蛛网萼	*Platycrater arguta*	Ⅱ级		LC	NE		遂昌、云和、龙泉、庆元、景宁
72	虎耳草科	涧边草属	涧边草	*Peltoboykinia tellimoides*		√	LC	NE		遂昌、庆元
73	金缕梅科	蕈树属	蕈树	*Altingia chinensis*		√	LC	LC		龙泉、庆元
74	金缕梅科	双花木属	长柄双花木	*Disanthus cercidifolius* subsp. *longipes*	Ⅱ级		EN	NE		龙泉
75	金缕梅科	半枫荷属	半枫荷	*Semiliquidambar cathayensis*			VU	LC		龙泉、庆元
76	金缕梅科	半枫荷属	长尾半枫荷	*Semiliquidambar caudata*			NE	DD		云和、龙泉、庆元、景宁
77	蔷薇科	杏属	政和杏	*Armeniaca zhengheensis*	Ⅱ级		CR	NE		庆元
78	豆科	羊蹄甲属	龙须藤	*Bauhinia championii*		√	LC	NE		云和、景宁、青田
79	豆科	黄檀属	南岭黄檀	*Dalbergia assamica*			EN	LC		莲都、松阳、龙泉、庆元、景宁
80	豆科	黄檀属	大金刚藤	*Dalbergia dyeriana*			LC	NE	附录Ⅱ	龙泉、景宁
81	豆科	黄檀属	藤黄檀	*Dalbergia hancei*			LC	NE	附录Ⅱ	莲都、青田、遂昌、松阳、云和、龙泉、庆元、景宁
82	豆科	黄檀属	黄檀	*Dalbergia hupeana*			NT	NE	附录Ⅱ	莲都、青田、缙云、遂昌、松阳、云和、龙泉、庆元、景宁
83	豆科	黄檀属	香港黄檀	*Dalbergia millettii*			LC	NE	附录Ⅱ	莲都、青田、缙云、遂昌、松阳、云和、龙泉、庆元、景宁
84	豆科	黄檀属	象鼻藤	*Dalbergia mimosoides*			LC	NE	附录Ⅱ	青田、景宁
85	豆科	黄檀属	狭叶黄檀	*Dalbergia stenophylla*			LC	NE	附录Ⅱ	松阳、龙泉、景宁
86	豆科	鱼藤属	中南鱼藤	*Derris fordii*		√	LC	NE		莲都、青田、缙云、遂昌、松阳、云和、龙泉、庆元
87	豆科	山豆根属	山豆根	*Euchresta japonica*	Ⅱ级		VU	NE		莲都、遂昌、松阳、庆元、景宁

（续表）

序号	科名	属名	中名	拉丁学名	国家重点	省重点	中国红色名录	IUCN红色名录	CITES附录	分布
88	豆科	大豆属	野大豆	*Glycine soja*	Ⅱ级		LC	NE		莲都、青田、缙云、遂昌、松阳、云和、龙泉、庆元、景宁
89	豆科	红豆属	红豆树	*Ormosia hosiei*	Ⅱ级		EN	NT		云和、龙泉、庆元
90	豆科	红豆属	花榈木	*Ormosia henryi*	Ⅱ级		VU	LC		莲都、青田、缙云、遂昌、松阳、云和、龙泉、庆元、景宁
91	豆科	豇豆属	贼小豆	*Vigna minima*		√	LC	NE		莲都、龙泉、庆元、景宁
92	豆科	豇豆属	野豇豆	*Vigna vexillata*		√	LC	NE		莲都、青田、缙云、遂昌、松阳、云和、龙泉、庆元、景宁
93	芸香科	柑橘属	山橘	*Fortunella hindsii*	Ⅱ级		LC	NE		缙云、松阳、云和、龙泉、景宁
94	芸香科	柑橘属	金豆	*Fortunella venosa*	Ⅱ级		VU	NE		青田
95	芸香科	花椒属	朵椒	*Zanthoxylum molle*			VU	NE		莲都、青田、遂昌、云和、龙泉、庆元、景宁
96	楝科	香椿属	红花香椿	*Toona fargesii*			VU	NE		莲都、遂昌、松阳、龙泉、庆元、景宁
97	黄杨科	野扇花属	东方野扇花	*Sarcococca orientalis*		√	NE	NE		莲都、青田、缙云、云和、龙泉、庆元、景宁
98	冬青科	冬青属	庆元冬青	*Ilex qingyuanensis*		√	LC	NE		庆元、景宁
99	冬青科	冬青属	温州冬青	*Ilex wenchowensis*			EN	EN		缙云、遂昌、龙泉、庆元、景宁、云和
100	冬青科	冬青属	浙江冬青	*Ilex zhejiangensis*			VU	NE		遂昌、云和、景宁
101	槭树科	槭属	临安槭	*Acer linganense*			VU	LC		遂昌
102	槭树科	槭属	稀花槭	*Acer pauciflorum*			VU	NT		缙云
103	槭树科	槭属	毛鸡爪槭	*Acer pubipalmatum*			VU	NE		莲都
104	槭树科	槭属	天目槭	*Acer sinopurpurascens*		√	LC	LC		缙云、景宁
105	葡萄科	崖爬藤属	三叶崖爬藤	*Tetrastigma hemsleyanum*		√	LC	NE		莲都、青田、缙云、遂昌、松阳、云和、龙泉、庆元、景宁
106	葡萄科	葡萄属	温州葡萄	*Vitis wenchowensis*			EN	NE		莲都、青田、松阳、云和、景宁
107	葡萄科	葡萄属	浙江蘡薁	*Vitis zhejiang-adstricta*	Ⅱ级		LC	NE		莲都、青田、遂昌、松阳、云和、景宁
108	椴树科	椴属	南京椴	*Tilia miqueliana*			VU	DD		莲都
109	梧桐科	梭罗树属	密花梭罗	*Reevesia pycnantha*		√	VU	NE		遂昌、龙泉、庆元
110	猕猴桃科	猕猴桃属	软枣猕猴桃	*Actinidia arguta*	Ⅱ级		LC	NE		莲都、青田、遂昌、龙泉、庆元、景宁
111	猕猴桃科	猕猴桃属	中华猕猴桃	*Actinidia chinensis*	Ⅱ级		LC	NE		莲都、青田、缙云、遂昌、松阳、云和、龙泉、庆元、景宁

序号	科名	属名	中名	拉丁学名	国家重点	省重点	中国红色名录	IUCN红色名录	CITES附录	分布
112	猕猴桃科	猕猴桃属	长叶猕猴桃	*Actinidia hemsleyana*			VU	NE		莲都、青田、遂昌、松阳、云和、龙泉、庆元、景宁
113	猕猴桃科	猕猴桃属	小叶猕猴桃	*Actinidia lanceolata*			VU	NE		莲都、青田、缙云、遂昌、松阳、云和、龙泉、庆元、景宁
114	猕猴桃科	猕猴桃属	安息香猕猴桃	*Actinidia styracifolia*			VU	NE		莲都、青田、缙云、遂昌、松阳、云和、龙泉、庆元、景宁
115	猕猴桃科	猕猴桃属	浙江猕猴桃	*Actinidia zhejiangensis*			CR	NE		莲都、遂昌、龙泉、庆元、景宁
116	山茶科	山茶属	八瓣糙果茶	*Camellia octopetala*		√	VU	VU		遂昌、庆元
117	山茶科	红淡比属	杨桐	*Cleyera japonica*		√	LC	NE		莲都、青田、缙云、遂昌、松阳、云和、龙泉、庆元、景宁
118	山茶科	紫茎属	尖萼紫茎	*Stewartia acutisepala*		√	LC	NE		莲都、缙云、遂昌、松阳、龙泉、庆元、景宁
119	堇菜科	堇菜属	亮毛堇菜	*Viola lucens*			EN	NE		松阳、龙泉、庆元、景宁
120	秋海棠科	秋海棠属	槭叶秋海棠	*Begonia digyna*		√	LC	NE		龙泉、庆元
121	秋海棠科	秋海棠属	秋海棠	*Begonia grandis*		√	LC	NE		莲都、遂昌、松阳、龙泉、景宁
122	秋海棠科	秋海棠属	中华秋海棠	*Begonia grandis* subsp. *sinensis*		√	LC	NE		莲都、遂昌、景宁
123	菱科	菱属	细果野菱	*Trapa incisa*	Ⅱ级		DD	LC		莲都、青田、缙云、遂昌、松阳、云和、龙泉、庆元、景宁
124	五加科	萸叶五加属	吴萸萸五加	*Gamblea ciliata* var. *evodiifolia*			VU	NE		莲都、青田、缙云、遂昌、松阳、云和、龙泉、庆元、景宁
125	五加科	大参属	短梗大参	*Macropanax rosthornii*		√	LC	LC		遂昌、松阳
126	五加科	人参属	竹节参	*Panax japonicus*	Ⅱ级		NE	NE		莲都、遂昌、龙泉、庆元、景宁
127	五加科	人参属	羽叶三七	*Panax japonicus* var. *bipinnatifidus*	Ⅱ级		VU	NE		遂昌、龙泉、庆元
128	五加科	羽叶参属	锈毛羽叶参	*Pentapanax henryi*		√	LC	LC		缙云
129	山茱萸科	山茱萸属	川鄂山茱萸	*Cornus chinensis*		√	LC	LC		遂昌
130	杜鹃花科	杜鹃花属	华顶杜鹃	*Rhododendron huadingense*	Ⅱ级		DD	NE		松阳
131	杜鹃花科	杜鹃花属	江西杜鹃	*Rhododendron kiangsiense*	Ⅱ级		EN	NE		遂昌
132	杜鹃花科	越橘属	广西越橘	*Vaccinium sinicum*		√	NT	NE		龙泉
133	报春花科	珍珠菜属	白花过路黄	*Lysimachia huitsunae*			VU	NE		遂昌、龙泉

（续表）

序号	科名	属名	中名	拉丁学名	国家重点	省重点	中国红色名录	IUCN红色名录	CITES附录	分布
134	报春花科	报春属	毛茛叶报春	*Primula cicutariifolia*			VU	NE		景宁、青田
135	报春花科	假婆婆纳属	红花假婆婆纳	*Stimpsonia chamaedryoides* var. *rubriflora*			VU	NE		遂昌、庆元、景宁、龙泉
136	安息香科	银钟花属	银钟花	*Halesia macgregorii*		√	NT	VU		莲都、青田、遂昌、松阳、龙泉、庆元、景宁
137	安息香科	陀螺果属	陀螺果	*Melliodendron xylocarpum*		√	LC	LC		松阳
138	安息香科	秤锤树属	细果秤锤树	*Sinojackia microcarpa*	II级		CR	NE		缙云
139	龙胆科	龙胆属	条叶龙胆	*Gentiana manshurica*			EN	NE		遂昌、松阳
140	旋花科	鳞蕊藤属	裂叶鳞蕊藤	*Lepistemon lobatum*		√	LC	NE		青田、龙泉
141	玄参科	马先蒿属	江西马先蒿	*Pedicularis kiangsiensis*			VU	NE		景宁
142	玄参科	地黄属	天目地黄	*Rehmannia chingii*			VU	NE		莲都、缙云、遂昌、松阳、云和、龙泉、景宁、青田
143	苦苣苔科	粗筒苣苔属	宽萼粗筒苣苔	*Briggsia latisepala*			VU	NE		云和
144	苦苣苔科	台闽苣苔属	台闽苣苔	*Titanotrichum oldhamii*		√	NT	NE		云和、庆元、景宁
145	爵床科	马蓝属	羽裂马蓝	*Strobilanthes pinnatifida*		√	LC	NE		庆元
146	爵床科	马蓝属	菜头肾	*Strobilanthes sarcorrhiza*		√	LC	CR		青田、缙云、景宁
147	茜草科	香果树属	香果树	*Emmenopterys henryi*	II级		NT	NE		莲都、青田、缙云、遂昌、松阳、云和、龙泉、庆元、景宁
148	忍冬科	七子花属	浙江七子花	*Heptacodium miconioides* subsp. *jasminoides*	II级		EN	VU		缙云
149	茜草科	红芽大戟属	红大戟	*Knoxia roxburghii*			VU	NE		遂昌、松阳
150	茜草科	蔓虎刺属	波状蔓虎刺	*Mitchella undulata*		√	LC	NE		遂昌、松阳、龙泉、庆元、景宁
151	茜草科	假盖果草属	肿节假盖果草	*Pseudopyxis monilirhizoma*		√	NE	NE		龙泉、景宁
152	葫芦科	雪胆属	浙江雪胆	*Hemsleya zhejiangensis*		√	NT	NE		云和、景宁
153	葫芦科	绞股蓝属	五柱绞股蓝	*Gynostemma pentagynum*			CR	NE		景宁
154	菊科	帚菊属	长花帚菊	*Pertya glabrescens*			EN	NE		莲都、遂昌、龙泉、景宁
155	黑三棱科	黑三棱属	曲轴黑三棱	*Sparganium fallax*		√	LC	LC		莲都、缙云、遂昌、庆元、景宁、青田
156	水蕹科	水蕹属	水蕹	*Aponogeton lakhonensis*		√	LC	LC		莲都、遂昌、云和、龙泉、庆元
157	泽泻科	毛茛泽泻属	长喙毛茛泽泻	*Ranalisma rostrata*	II级		CR	DD		莲都
158	泽泻科	慈姑属	冠果草	*Sagittaria guayanensis*			EN	LC		松阳、景宁
159	泽泻科	慈姑属	利川慈姑	*Sagittaria lichuanensis*			VU	EN		青田、遂昌、松阳、龙泉、庆元

（续表）

序号	科名	属名	中名	拉丁学名	国家重点	省重点	中国红色名录	IUCN红色名录	CITES附录	分布
160	泽泻科	慈姑属	小叶慈姑	*Sagittaria potamogetonifolia*			VU	LC		松阳、龙泉、庆元
161	泽泻科	泽苔草属	宽叶泽苔草	*Caldesia grandis*			CR	LC		青田
162	水鳖科	水车前属	水车前	*Ottelia alismoides*	Ⅱ级		VU	LC		龙泉、庆元
163	霉草科	霉草属	多枝霉草	*Sciaphila ramosa*			EN	NE		松阳、景宁、莲都、缙云、青田
164	禾本科	寒竹属	方竹	*Chimonobambusa quadrangularis*		√	LC	NE		缙云、遂昌、庆元、景宁
165	禾本科	水禾属	水禾	*Hygroryza aristata*	Ⅱ级		VU	NE		莲都
166	莎草科	薹草属	发秆薹草	*Carex rara*			EN	NE		龙泉、云和、庆元
167	天南星科	半夏属	盾叶半夏	*Pinellia peltata*			VU	NE		莲都、青田、庆元、景宁、缙云
168	谷精草科	谷精草属	长苞谷精草	*Eriocaulon decemflorum*			VU	NE		莲都、缙云、遂昌、松阳、龙泉、庆元、景宁
169	百部科	金刚大属	黄精叶钩吻	*Croomia japonica*		√	EN	NE		莲都、庆元、景宁
170	百合科	重楼属	华重楼	*Paris polyphylla* var. *chinensis*	Ⅱ级		VU	NE		莲都、青田、缙云、遂昌、松阳、云和、龙泉、庆元、景宁
171	百合科	重楼属	狭叶重楼	*Paris polyphylla* var. *stenophylla*	Ⅱ级		NT	NE		莲都、缙云、遂昌、龙泉、庆元、景宁、青田
172	百合科	油点草属	绿花油点草	*Tricyrtis viridula*			VU	NE		龙泉、庆元、景宁、遂昌、云和
173	薯蓣科	薯蓣属	细柄草薢	*Dioscorea tenuipes*			VU	NE		青田、云和、龙泉、庆元、景宁
174	水玉簪科	水玉簪属	大西坑水玉簪	*Burmannia cryptopetala*			VU	NE		遂昌
175	兰科	无柱兰属	无柱兰	*Amitostigma gracile*			LC	NE	附录Ⅱ	莲都、青田、缙云、遂昌、松阳、云和、龙泉、庆元、景宁
176	兰科	无柱兰属	大花无柱兰	*Amitostigma pinguicula*			CR	NE	附录Ⅱ	莲都、青田、缙云、遂昌、松阳、龙泉、庆元、景宁
177	兰科	舌喙兰属	盔花舌喙兰	*Hemipilia galeata*			CR	NE	附录Ⅱ	莲都、缙云、遂昌、龙泉、庆元、景宁、青田、松阳
178	兰科	开唇兰属	金线兰	*Anoectochilus roxburghii*	Ⅱ级		EN	NE	附录Ⅱ	莲都、青田、缙云、遂昌、松阳、云和、龙泉、庆元、景宁
179	兰科	开唇兰属	浙江金线兰	*Anoectochilus zhejiangensis*	Ⅱ级		EN	EN	附录Ⅱ	遂昌、松阳
180	兰科	吻兰属	台湾吻兰	*Collabium formosanum*			LC	NE	附录Ⅱ	景宁

（续表）

序号	科名	属名	中名	拉丁学名	国家重点	省重点	中国红色名录	IUCN红色名录	CITES附录	分布
181	兰科	竹叶兰属	竹叶兰	*Arundina graminifolia*			LC	NE	附录Ⅱ	莲都、龙泉、庆元、景宁、青田
182	兰科	蛤兰属	高山蛤兰	*Conchidium japonicum*			LC	NE	附录Ⅱ	遂昌、缙云
183	兰科	蛤兰属	小毛兰	*Conchidium pusillum*			LC	LC	附录Ⅱ	景宁
184	兰科	白及属	白及	*Bletilla striata*	Ⅱ级		EN	NE	附录Ⅱ	莲都、缙云、遂昌、云和、龙泉、庆元、景宁、青田
185	兰科	石豆兰属	瘤唇卷瓣兰	*Bulbophyllum japonicum*			LC	NE	附录Ⅱ	莲都、松阳、庆元、龙泉
186	兰科	石豆兰属	广东石豆兰	*Bulbophyllum kwangtungense*			LC	NE	附录Ⅱ	莲都、青田、缙云、遂昌、松阳、云和、龙泉、庆元、景宁
187	兰科	石豆兰属	宁波石豆兰	*Bulbophyllum ningboense*			NE	NE	附录Ⅱ	景宁
188	兰科	石豆兰属	齿瓣石豆兰	*Bulbophyllum levinei*			LC	NE	附录Ⅱ	莲都、缙云、遂昌、庆元、景宁、青田、龙泉
189	兰科	石豆兰属	毛药卷瓣兰	*Bulbophyllum omerandrum*			NT	NE	附录Ⅱ	莲都、景宁、青田、遂昌、松阳、龙泉
190	兰科	石豆兰属	斑唇卷瓣兰	*Bulbophyllum pecten-veneris*			LC	NE	附录Ⅱ	云和、龙泉、庆元、青田
191	兰科	虾脊兰属	剑叶虾脊兰	*Calanthe davidii*			LC	NE	附录Ⅱ	莲都、青田、景宁
192	兰科	虾脊兰属	虾脊兰	*Calanthe discolor*			LC	NE	附录Ⅱ	莲都、缙云、遂昌、松阳、云和、龙泉、庆元、景宁
193	兰科	虾脊兰属	钩距虾脊兰	*Calanthe graciliflora*			NT	NE	附录Ⅱ	莲都、青田、缙云、遂昌、松阳、云和、龙泉、庆元、景宁
194	兰科	虾脊兰属	反瓣虾脊兰	*Calanthe reflexa*			LC	NE	附录Ⅱ	庆元
195	兰科	虾脊兰属	翘距虾脊兰	*Calanthe aristulifera*			NT	NE	附录Ⅱ	遂昌、景宁
196	兰科	虾脊兰属	细花虾脊兰	*Calanthe mannii*			LC	NE	附录Ⅱ	景宁
197	兰科	头蕊兰属	银兰	*Cephalanthera erecta*			LC	NE	附录Ⅱ	龙泉、庆元、景宁、遂昌
198	兰科	头蕊兰属	金兰	*Cephalanthera falcata*			LC	NE	附录Ⅱ	莲都、缙云、遂昌、龙泉、庆元、景宁
199	兰科	黄兰属	黄兰	*Cephalantheropsis obcordata*			NT	NE	附录Ⅱ	庆元
200	兰科	隔距兰属	大序隔距兰	*Cleisostoma paniculatum*			LC	NE	附录Ⅱ	庆元
201	兰科	隔距兰属	蜈蚣兰	*Cleisostoma scolopendrifolium*			LC	NE	附录Ⅱ	莲都、庆元、缙云、松阳
202	兰科	兰属	落叶兰	*Cymbidium defoliatum*	Ⅱ级		EN	EN	附录Ⅱ	松阳、龙泉
203	兰科	兰属	建兰	*Cymbidium ensifolium*	Ⅱ级		VU	NE	附录Ⅱ	莲都、青田、遂昌、云和、龙泉、庆元、景宁

（续表）

序号	科名	属名	中名	拉丁学名	国家重点	省重点	中国红色名录	IUCN红色名录	CITES附录	分布
204	兰科	兰属	蕙兰	*Cymbidium faberi*	II级		LC	NE	附录II	莲都、青田、缙云、遂昌、松阳、云和、龙泉、庆元、景宁
205	兰科	兰属	多花兰	*Cymbidium floribundum*	II级		VU	NE	附录II	莲都、青田、缙云、遂昌、松阳、云和、龙泉、庆元、景宁
206	兰科	兰属	春兰	*Cymbidium goeringii*	II级		VU	NE	附录II	莲都、青田、缙云、遂昌、松阳、云和、龙泉、庆元、景宁
207	兰科	兰属	寒兰	*Cymbidium kanran*	II级		VU	NE	附录II	莲都、遂昌、松阳、龙泉、庆元、景宁、青田、云和
208	兰科	兰属	兔耳兰	*Cymbidium lancifolium*			LC	NE	附录II	龙泉、庆元
209	兰科	石斛属	梵净山石斛	*Dendrobium fanjingshanense*	II级		EN	NE	附录II	遂昌、景宁
210	兰科	石斛属	细茎石斛	*Dendrobium moniliforme*	II级		NE	NE	附录II	莲都、遂昌、龙泉、庆元、景宁
211	兰科	石斛属	铁皮石斛	*Dendrobium officinale*	II级		CR	CR	附录II	莲都、缙云
212	兰科	石斛属	罗氏石斛	*Dendrobium luoi*	II级		NE	NE	附录II	遂昌
213	兰科	厚唇兰属	单叶厚唇兰	*Epigeneium fargesii*			LC	NE	附录II	莲都、缙云、遂昌、龙泉、景宁、青田
214	兰科	火烧兰属	尖叶火烧兰	*Epipactis thunbergii*			VU	NE	附录II	莲都、青田、景宁
215	兰科	肉果兰属	血红肉果兰	*Cyrtosia septentrionalis*			VU	NE	附录II	莲都、遂昌、景宁
216	兰科	山珊瑚属	直立山珊瑚	*Galeola falconeri*			VU		附录II	遂昌
217	兰科	盆距兰属	台湾盆距兰	*Gastrochilus formosanus*			NT	NE	附录II	龙泉、景宁
218	兰科	盆距兰属	黄松盆距兰	*Gastrochilus japonicus*			VU	NE	附录II	龙泉、景宁
219	兰科	天麻属	天麻	*Gastrodia elata*	II级		DD	VU	附录II	遂昌、龙泉、庆元
220	兰科	斑叶兰属	多叶斑叶兰	*Goodyera foliosa*			LC	NE	附录II	景宁、庆元
221	兰科	斑叶兰属	大花斑叶兰	*Goodyera biflora*			NT	NE	附录II	遂昌、松阳、庆元、景宁、莲都
222	兰科	斑叶兰属	波密斑叶兰	*Goodyera bomiensis*			VU	NE	附录II	景宁、遂昌、青田
223	兰科	斑叶兰属	小斑叶兰	*Goodyera repens*			LC	NE	附录II	龙泉
224	兰科	斑叶兰属	斑叶兰	*Goodyera schlechtendaliana*			NT	NE	附录II	莲都、青田、缙云、遂昌、松阳、云和、龙泉、庆元、景宁
225	兰科	斑叶兰属	绒叶斑叶兰	*Goodyera velutina*			LC	NE	附录II	莲都、遂昌、松阳、龙泉、庆元、景宁
226	兰科	斑叶兰属	绿花斑叶兰	*Goodyera viridiflora*			LC	NE	附录II	莲都、青田、缙云、遂昌、松阳、云和、龙泉、景宁
227	兰科	玉凤花属	裂瓣玉凤花	*Habenaria petelotii*			DD	NE	附录II	景宁、青田
228	兰科	玉凤花属	鹅毛玉凤花	*Habenaria dentata*			LC	NE	附录II	莲都、遂昌、松阳、云和、龙泉、庆元、景宁

（续表）

序号	科名	属名	中名	拉丁学名	国家重点	省重点	中国红色名录	IUCN红色名录	CITES附录	分布
229	兰科	玉凤花属	湿地玉凤花	*Habenaria humidicola*			LC	NE	附录II	景宁、遂昌
230	兰科	玉凤花属	线叶十字兰	*Habenaria linearifolia*			NT	NE	附录II	莲都、缙云、龙泉、庆元、景宁
231	兰科	角盘兰属	叉唇角盘兰	*Herminium lanceum*			LC	NE	附录II	庆元、景宁、遂昌
232	兰科	槽舌兰属	短距槽舌兰	*Holcoglossum flavescens*			VU	NE	附录II	遂昌、龙泉、庆元
233	兰科	盂兰属	盂兰	*Lecanorchis japonica*			LC	NE	附录II	景宁
234	兰科	羊耳蒜属	齿突羊耳蒜	*Liparis rostrata*			DD	NE	附录II	莲都、松阳、景宁
235	兰科	羊耳蒜属	见血青	*Liparis nervosa*			LC	NE	附录II	莲都、青田、缙云、遂昌、松阳、云和、龙泉、庆元、景宁
236	兰科	羊耳蒜属	香花羊耳蒜	*Liparis odorata*			LC	NE	附录II	松阳、云和、龙泉、庆元、景宁
237	兰科	羊耳蒜属	长苞羊耳蒜	*Liparis inaperta*			CR	NE	附录II	松阳、青田
238	兰科	羊耳蒜属	长唇羊耳蒜	*Liparis pauliana*			LC	NE	附录II	缙云、遂昌、龙泉、庆元、景宁
239	兰科	对叶兰属	日本对叶兰	*Listera japonica*			VU	NE	附录II	庆元、景宁
240	兰科	钗子股属	纤叶钗子股	*Luisia hancockii*			LC	NE	附录II	青田、龙泉、庆元、景宁、缙云
241	兰科	无耳沼兰属	阔叶沼兰	*Malaxis latifolia*			VU	NE	附录II	龙泉、庆元
242	兰科	沼兰属	浅裂沼兰	*Malaxis acuminata*			LC	NE	附录II	青田、景宁
243	兰科	沼兰属	小沼兰	*Malaxis microtatantha*			NT	NE	附录II	缙云、遂昌、庆元、景宁、莲都、龙泉
244	兰科	风兰属	风兰	*Neofinetia falcata*			EN	NE	附录II	莲都、松阳、云和、庆元、景宁
245	兰科	兜被兰属	二叶兜被兰	*Neottianthe cucullata*			VU	NE	附录II	龙泉、遂昌、松阳
246	兰科	鸢尾兰属	小叶鸢尾兰	*Oberonia japonica*			LC	NE	附录II	龙泉
247	兰科	山兰属	长叶山兰	*Oreorchis fargesii*			NT	NE	附录II	遂昌、庆元
248	兰科	阔蕊兰属	长须阔蕊兰	*Peristylus calcaratus*			LC	NE	附录II	庆元、莲都、缙云、遂昌、景宁
249	兰科	阔蕊兰属	狭穗阔蕊兰	*Peristylus densus*			LC	NE	附录II	庆元
250	兰科	阔蕊兰属	阔蕊兰	*Peristylus goodyeroides*			LC	NE	附录II	庆元
251	兰科	鹤顶兰属	黄花鹤顶兰	*Phaius flavus*			LC	NE	附录II	莲都、青田、遂昌、龙泉、庆元、景宁
252	兰科	石仙桃属	细叶石仙桃	*Pholidota cantonensis*			LC	NE	附录II	莲都、青田、云和、庆元、景宁、松阳、龙泉
253	兰科	舌唇兰属	东亚舌唇兰	*Platanthera ussuriensis*			NT	NE	附录II	莲都、缙云、遂昌、松阳、云和、龙泉、庆元、景宁
254	兰科	舌唇兰属	密花舌唇兰	*Platanthera hologlottis*			LC	NE	附录II	莲都、青田、缙云、景宁
255	兰科	舌唇兰属	舌唇兰	*Platanthera japonica*			LC	NE	附录II	莲都、缙云、遂昌、龙泉、庆元、景宁

（续表）

序号	科名	属名	中名	拉丁学名	国家重点	省重点	中国红色名录	IUCN红色名录	CITES附录	分布
256	兰科	舌唇兰属	尾瓣舌唇兰	*Platanthera mandarinorum*			LC	NE	附录Ⅱ	莲都、遂昌、松阳、龙泉、庆元
257	兰科	舌唇兰属	小舌唇兰	*Platanthera minor*			LC	NE	附录Ⅱ	缙云、遂昌、云和、龙泉、庆元、景宁
258	兰科	舌唇兰属	黄山舌唇兰	*Platanthera whangshanensis*			NE	NE	附录Ⅱ	莲都、遂昌、龙泉、景宁
259	兰科	独蒜兰属	台湾独蒜兰	*Pleione formosana*	Ⅱ级		VU	VU	附录Ⅱ	莲都、青田、缙云、遂昌、松阳、云和、龙泉、庆元、景宁
260	兰科	葱叶兰属	葱叶兰	*Microtis unifolia*			LC	NE	附录Ⅱ	莲都
261	兰科	朱兰属	朱兰	*Pogonia japonica*			NT	NE	附录Ⅱ	莲都、青田、缙云、遂昌、龙泉、庆元
262	兰科	萼脊兰属	短茎萼脊兰	*Sedirea subparishii*			EN	NE	附录Ⅱ	莲都、遂昌、龙泉、庆元、景宁
263	兰科	苞舌兰属	苞舌兰	*Spathoglottis pubescens*			LC	NE	附录Ⅱ	遂昌、龙泉
264	兰科	绶草属	香港绶草	*Spiranthes hongkongensis*			NE	NE	附录Ⅱ	莲都、庆元、景宁、青田、缙云、遂昌、龙泉
265	兰科	绶草属	绶草	*Spiranthes sinensis*			LC	LC	附录Ⅱ	莲都、青田、缙云、遂昌、松阳、云和、龙泉、庆元、景宁
266	兰科	带叶兰属	带叶兰	*Taeniophyllum glandulosum*			LC	NE	附录Ⅱ	龙泉、景宁、遂昌
267	兰科	带唇兰属	带唇兰	*Tainia dunnii*			NT	NE	附录Ⅱ	莲都、青田、缙云、遂昌、松阳、云和、龙泉、庆元、景宁
268	兰科	白点兰属	长轴白点兰	*Thrixspermum saruwatarii*			NT	NE	附录Ⅱ	遂昌、龙泉、景宁
269	兰科	宽距兰属	宽距兰	*Yoania japonica*			EN	LC	附录Ⅱ	遂昌、龙泉、庆元
270	兰科	杜鹃兰属	杜鹃兰	*Cremastra appendiculata*	Ⅱ级		NT	NE	附录Ⅱ	景宁、龙泉、云和

注：DD 为数据缺乏，LC 为无危，NT 为近危，VU 为易危，EN 为濒危，CR 为极危，EW 为野外灭绝，EX 为灭绝。